H. J. Blaß, O. Krüger

Schubverstärkung von Holz mit Holzschrauben und Gewindestangen

Titelbild: Schubverstärkter Träger

Band 15 der Reihe
Karlsruher Berichte zum Ingenieurholzbau

Herausgeber

Karlsruher Institut für Technologie

Lehrstuhl für Ingenieurholzbau und Baukonstruktionen

Univ.-Prof. Dr.-Ing. H. J. Blaß

Schubverstärkung von Holz mit Holzschrauben und Gewindestangen

Das IGF-Vorhaben 14898 N der Forschungsvereinigung Internationaler Verein für Technische Holzfragen e.V. wurde über die AiF im Rahmen des Programms zur Förderung der industriellen Gemeinschaftsforschung und -entwicklung (IGF) vom Bundesministerium für Wirtschaft und Technologie aufgrund eines Beschlusses des Deutschen Bundestages gefördert

von
H. J. Blaß
O. Krüger
Lehrstuhl für Ingenieurholzbau und Baukonstruktionen
Karlsruher Institut für Technologie

Impressum

Karlsruher Institut für Technologie (KIT)
KIT Scientific Publishing
Straße am Forum 2
D-76131 Karlsruhe
www.ksp.kit.edu

KIT – Universität des Landes Baden-Württemberg und nationales
Forschungszentrum in der Helmholtz-Gemeinschaft

KIT Scientific Publishing 2010
Print on Demand

ISSN 1860-093X
ISBN 978-3-86644-591-8

Vorwort

Schubverstärkungen mit innen liegenden Verstärkungen sind im Holzbau bisher nicht bekannt. Diese Forschungsarbeit beschäftigt sich mit der Möglichkeit die Schubtragfähigkeit von Holzbauteilen durch innen liegende und äußerlich nicht sichtbare Verstärkungsmittel wie Holzschrauben und Gewindestangen zu erhöhen.

Zur Simulation des Tragverhaltens schubverstärkter Träger wurde ein Rechenmodell entwickelt. Die Interaktionsbeziehung zwischen Schub- und Querspannungen wurde in das Rechenmodell integriert. Das Verbundverhalten der Verstärkungselemente im Holz wurde durch Versuche ermittelt. Zur Überprüfung des Rechenmodells wurden Versuche mit schubverstärkten Trägern aus Brettschichtholz durchgeführt. Außerdem wurde die Sanierung schubgeschädigter Träger mit innen liegenden Verstärkungsmitteln untersucht.

Dieses Forschungsvorhaben wurde über die Arbeitsgemeinschaft industrieller Forschungsvereinigungen (AiF) aus Haushaltmitteln des Bundesministeriums für Wirtschaft und Technologie (BMWi) gefördert. Das zur Durchführung der Versuche benötigte Material wurde von den Herstellern kostenfrei bereitgestellt.

Karlsruhe, Herbst 2010   Die Verfasser

Inhalt

1   Einleitung 1

2   Schubfestigkeit 5

   2.1   Schubfestigkeit von Nadelholz 6

   2.2   Schubfestigkeit von Trägern 9

3   Verstärkungsmittel 15

   3.1   Axiale Beanspruchung 15

   3.2   Laterale Beanspruchung 23

4   Rechenmodell 25

   4.1   Modellierung des Schubversagens 26

        4.1.1   Versagenskriterium Elementspannungen 26

        4.1.2   Versagenskriterium Schubbruch 28

   4.2   Verbundverhalten der Verstärkungsmittel 35

   4.3   Parameterstudien 38

5   Ergebnisse der numerischen Berechnungen 41

6   Versuche mit schubverstärkten Trägern 47

   6.1   Anbringen der Verstärkungselemente 49

   6.2   Ergebnisse der Versuchsreihe 1 52

   6.3   Ergebnisse der Versuchsreihe 2 58

   6.4   Zusammenfassung 61

7   Versuch und Berechnung 63

8   Sanierung schubgeschädigter Träger 65

   8.1   Ergebnisse der Versuchsreihe 1 65

   8.2   Ergebnisse der Versuchsreihe 2 72

   8.3   Zusammenfassung 73

9   Verhinderung von Rissen durch klimatische Beanspruchung 75

10   Zusammenfassung 83

11   Literatur 85

12	Zitierte Normen	86
13	Anhänge	87
	13.1 Anhang zu Abschnitt 3	87
	13.2 Anhang zu Abschnitt 4	97
	13.3 Anhang zu Abschnitt 6.2	101
	13.4 Anhang zu Abschnitt 6.3	105
	13.5 Anhang zu Abschnitt 8.1	107
	13.6 Anhang zu Abschnitt 8.2	108

1 Einleitung

Bei biegebeanspruchten Trägern aus Brettschichtholz und Vollholz kann bei gedrungenen Trägerformen oder bei auflagernaher Lasteinleitung der Schubspannungsnachweis die rechnerische Bauteiltragfähigkeit bestimmen. Eine Schubverstärkung hochbeanspruchter Bereiche kann daher zu einer besseren Ausnutzung der Tragfähigkeit von Bauteilen führen. Durch wechselnde klimatische Umgebungsbedingungen können Risse im Holz entstehen, wodurch die Schubtragfähigkeit des Querschnitts verringert wird. Dieser Tragfähigkeitsverlust kann ebenfalls durch eine geeignete Schubverstärkung kompensiert werden.

Eine wirkungsvolle Maßnahme zur Erhöhung der Schubtragfähigkeit mit innen liegenden Verstärkungselementen gibt es im Ingenieurholzbau bislang nicht. Bei anderen Baustoffen wie beispielsweise im Massivbau sind Schubverstärkungen von Bauteilen hingegen gängige Praxis. Durch eine geeignete Schubverstärkung ist es möglich die Schubtragfähigkeit von Bauteilen zu erhöhen und damit größere Querkräfte zu übertragen. Selbstbohrende Holzschrauben und Gewindestangen mit einem Gewinde nach DIN 7998 eignen sich aufgrund ihrer hohen axialen Verbundsteifigkeit zur Verstärkung schubbeanspruchter Bauteile. Durch die Simulation des Trag- und Versagensverhaltens schubverstärkter Träger mit einem numerischen Modell kann mit geringem Versuchsaufwand die Auswirkung einer Schubverstärkung auf die Tragfähigkeit ermittelt werden. Mit Hilfe von Versuchen mit schubverstärkten Trägern können die Ergebnisse des verwendeten Rechenmodells überprüft werden.

Wesentlich für die Erstellung eines Rechenmodells ist das Wirkungsprinzip einer Schubverstärkung. In Bild 1-1 ist das Beispiel eines beliebigen schubverstärkten Einfeldträgers dargestellt. Die Verstärkungselemente sind unter 45° zur Holzfaser geneigt angeordnet. Für den markierten Ausschnitt des Trägers sind Kräfte und Spannungen freigeschnitten. Die Schubspannung τ bewirkt eine Verzerrung des Holzes. Das Verstärkungsmittel behindert diese Verformung und wird dadurch in axialer Richtung durch eine Zugkraft beansprucht. Die Schubbeanspruchung des Holzes verringert sich dadurch im Bereich des Verstärkungsmittels. Durch den vertikalen Anteil der Zugkraft entsteht als Reaktion eine Querdruckspannung im Holz. Diese Querdruckspannung wirkt sich positiv auf die Schubfestigkeit aus, da bei kombinierter Beanspruchung aus Schub und Querdruck die Schubfestigkeit steigt. Bei geneigt angeordneten zugbeanspruchten Verstärkungsmitteln ergibt sich die Schubtragfähigkeitssteigerung eines verstärkten Trägers daher aus einem Anteil infolge der Verringerung der Schubspannung im Bereich der Verstärkungsmittel infolge einer Lastumverteilung auf die Verstärkungselemente sowie aus der Erhöhung der Schubfestigkeit durch die Querdruckspannungen.

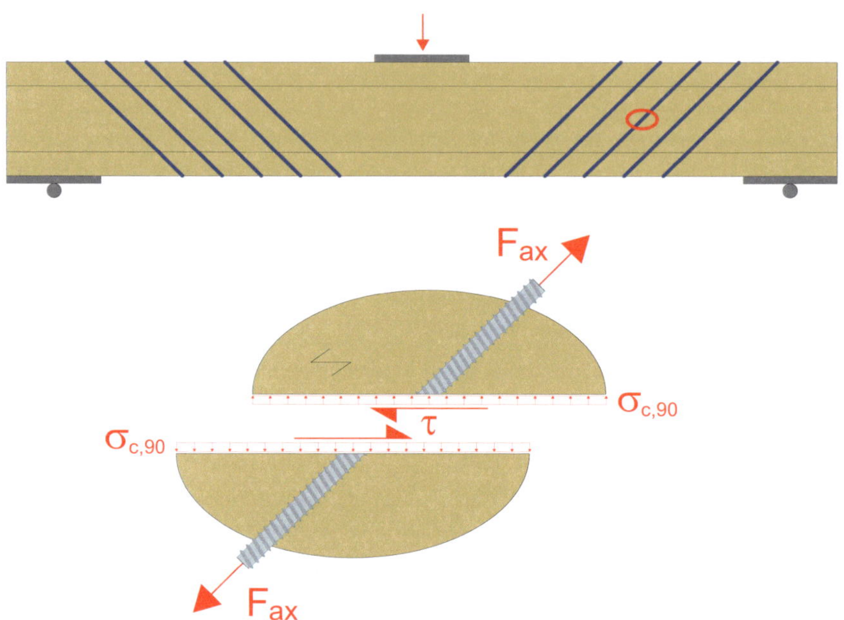

Bild 1-1   Wirkungsprinzip einer Schubverstärkung

Die grundlegenden Merkmale zur Beschreibung des Tragverhaltens schubverstärkter Träger, wie das Last-Verformungsverhalten des Holzes bei Schubbeanspruchung, die Schubfestigkeit bei einer kombinierten Beanspruchung aus Schub- und Querspannungen sowie das Verbundverhalten der Verstärkungselemente im Holz, werden in ein numerisches Modell integriert. Diese Grundlagen werden teilweise aus vorhandenen Forschungsergebnissen übernommen. Das Verbundverhalten von Gewindestangen bei axialer Beanspruchung wurde durch Versuche ermittelt.

Neben den Auswirkungen von Verstärkungen auf die Schubtragfähigkeit ungeschädigter Träger wird bei den durchgeführten Versuchen auch die Sanierung schubgeschädigter Träger mit unterschiedlichen Verstärkungsmitteln untersucht. Risse infolge klimatischer Beanspruchungen treten in Holzbauteilen in der Praxis häufig auf. Ein Rissverlauf in Faserrichtung des Holzes bedeutet eine Reduzierung der zur Übertragung von Schubkräften zur Verfügung stehenden Querschnittsfläche und damit eine Reduzierung der Schubtragfähigkeit. Eine Erhöhung der Schubtragfähigkeit durch eine Sanierung teilweise gerissener oder durchgerissener Träger mit innen liegenden Verstärkungsmitteln stellt eine Alternative zu einer alleinigen Sanierung durch das Ausfüllen der Risse mit Klebstoff dar.

Untersucht wird außerdem die Möglichkeit, die Entstehung von Schwindrissen mit Hilfe von Verstärkungsmitteln zu verhindern. Durch die Trägheit des Holzes bei Holzfeuchteänderungen infolge Veränderungen der klimatischen Umgebungsbedingungen sowie unterschiedliches Schwind- und Quellverhalten in tangentialer und radialer Richtung entstehen Zugspannungen rechtwinklig zur Faserrichtung des Holzes. Aufgrund der geringen Querzugfestigkeit von Holz führt dies häufig zu Rissen. Können diese Querzugspannungen von Verstärkungsmitteln aufgenommen werden und die Entstehung von Rissen verhindert oder zumindest verringert werden, wäre dies gleichbedeutend mit einer Schubverstärkung.

2 Schubfestigkeit

Charakteristische Werte der Schubfestigkeiten von Nadelvollholz und Brettschichtholz aus Nadelholz sind in DIN 1052:2008 festgelegt. Für Nadelvollholz beträgt der Wert der charakteristischen Schubfestigkeit 2,0 N/mm², für Brettschichtholz sind 2,5 N/mm² angegeben. Durch Holzfeuchteänderungen hervorgerufene Schwindrisse reduzieren die zur Schubübertragung zur Verfügung stehende Querschnittsbreite. Die in der Norm angegebenen charakteristischen Schubfestigkeiten berücksichtigen diese mögliche Querschnittsreduktion bereits. Bei Nadelvollholz wird eine Querschnittsreduktion um die Hälfte, bei Brettschichtholz von einem Drittel angenommen. Die tatsächliche Schubfestigkeit des Materials Holz unterscheidet sich wiederum von der Schubfestigkeit, die bei Trägern in Bauteilgröße durch Versuche ermittelt werden kann, da die Schubfestigkeit u. a. abhängig vom beanspruchten Volumen ist.

Schubversagen ist ein spröder Versagensmechanismus der ohne Vorankündigung eintritt. Meist entsteht eine faserparallele Schubbruchfläche, die sich beispielsweise bei einem Vier-Punkt-Biegeversuch vom Auflager bis in den Bereich der Lasteinleitungsstelle ausbildet. Am Versatz der Hirnholzflächen der beiden dadurch entstandenen Trägerteile ist ein Schubversagen deutlich erkennbar. Aufgrund der deutlich höheren Schubfestigkeit rechtwinklig zur Holzfaserrichtung kann ein Schubversagen in einer Querschnittsebene nicht eintreten.

Bild 2-1   Schubversatz nach Schubversagen

2.1 Schubfestigkeit von Nadelholz

Die Schubfestigkeit von Nadelholz wurde u.a. von Spengler (1982) und Hemmer (1984) durch Versuche mit fehlerfreien Proben ermittelt. Beide haben neben der reinen Schubfestigkeit von Nadelholz auch die Interaktion von Schub- und Querspannungen untersucht. Querdruckspannungen erhöhen die Schubfestigkeit, Querzugspannungen wirken sich negativ aus und verringern die Schubfestigkeit.

Die Untersuchungen zur Schubfestigkeit von Spengler (1982) wurden an fehlerfreien Proben aus Fichtenholz durchgeführt. Die Proben wurden repräsentativ ausgewählten Brettern entnommen. Die verwendete Versuchseinrichtung ermöglichte eine nahezu unbehinderte Schubverzerrung der Prüfkörper.

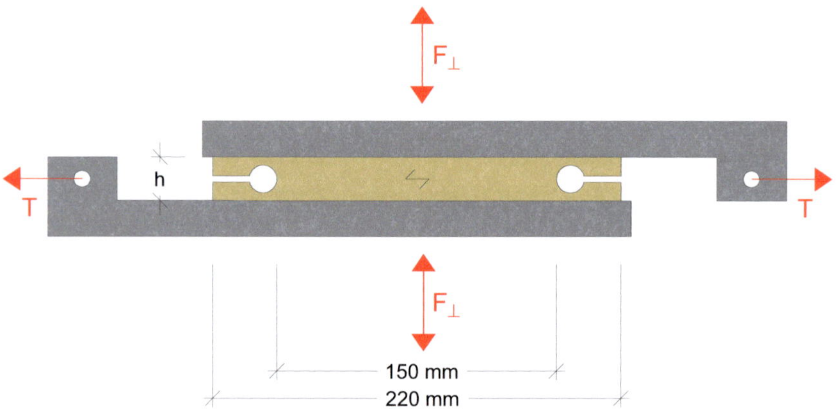

Bild 2-2   Versuchsanordnung Spengler (1982)

Die Höhe h der Proben lag im Bereich zwischen 22 und 32 mm, die Breite zwischen 80 und 140 mm. Die Seitenflächen der Probekörper waren mit den lasteinleitenden Stahlplatten flächig verklebt. Zum Abbau von Spannungsspitzen und zum Ausgleich für ungleichmäßige Lasteinleitung an den Hirnholzenden wurden die Prüfkörper mit 15 mm weiten Bohrungen und Schlitzen an den Enden versehen. Insgesamt wurden etwa 740 Versuche zur Schub-Querkraft-Interaktion mit Holzfeuchten von 8%, 12% und 18% durchgeführt. Die Ergebnisse der Versuche mit einer Holzfeuchte von 12% sind in einem Interaktionsdiagramm in Bild 2-3 dargestellt. Durch eine multiple Regressionsanalyse wurde die folgende Gleichung mit einem Korrelationskoeffizienten von $R = 0{,}871$ zur Beschreibung des Interaktionsverhaltens bei kombinierter Beanspruchung aus Schub und Querspannung ermittelt:

$$\tau = 4{,}75\,N/mm^2 - 1{,}15 \cdot \sigma_{\perp} - 0{,}13 \cdot \sigma_{\perp}^{\,2} \tag{1}$$

Bei der Bestimmung der Regressionsgleichung wurde eine Residualanalyse zur Eliminierung des Einflusses von Ausreißern unter den Versuchswerten auf die Regressionsgleichung durchgeführt. Im Zustand ohne Querspannungen beträgt die Schubfestigkeit nach der Regressionsgleichung 4,75 N/mm².

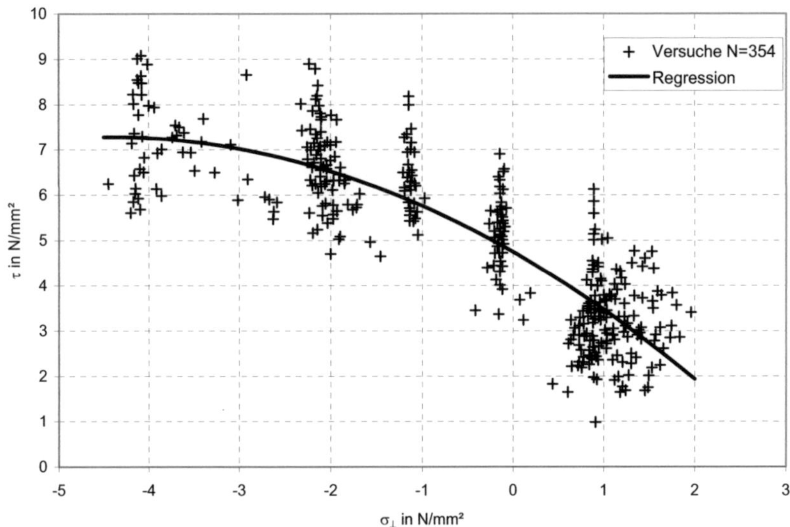

Bild 2-3   Schubbruchspannung bei kombinierter Beanspruchung, $u \approx 12\%$

Hemmer (1984) hat Schubfestigkeiten bei kombinierter Beanspruchung anhand von Versuchen mit röhrenartigen Prüfkörpern aus Weißtanne ermittelt. Neben der reinen Schub-Querspannungsinteraktion wurde auch der Einfluss faserparalleler Spannungen untersucht. Die Schubbeanspruchung wurde durch eine Torsion der röhrenförmigen Prüfkörper erreicht. Die Herstellung der Prüfkörper war wie die Versuchsdurchführung selbst sehr aufwendig, sodass nur wenige Versuche durchgeführt wurden. Mit Hilfe der Versuchsergebnisse wurde eine Bruchfunktion (Gleichung (2)) ermittelt, die neben Querspannungen auch Längsspannungen berücksichtigt. Die zugehörigen Tensorkonstanten sind in Tabelle 2-1 angegeben.

$$F_1 \sigma_\perp + F_2 \sigma_{\parallel} + F_{11} \sigma_\perp^2 + F_{22} \sigma_{\parallel}^2 + 2F_{12} \sigma_\perp \sigma_{\parallel} + 3F_{112} \sigma_\perp^2 \sigma_{\parallel} + 3F_{122} \sigma_\perp \sigma_{\parallel}^2$$
$$+ F_{66} \tau^2 + 3F_{166} \sigma_\perp \tau^2 + 3F_{266} \sigma_{\parallel} \tau^2 + 12F_{1266} \sigma_\perp \sigma_{\parallel} \tau^2 = 1 \tag{2}$$

Tabelle 2-1   Tensorkonstanten

F_1	0,0940	mm² / N	F_{112}	-0,000110	mm⁶ / N³
F_2	-0,00522		F_{122}	0,0000204	
F_{11}	0,0482	mm⁴ / N²	F_{166}	0,000310	
F_{22}	0,000418		F_{266}	0,0000527	
F_{66}	0,0103		F_{1266}	0,00000221	mm⁸ / N⁴
F_{12}	-0,00113				

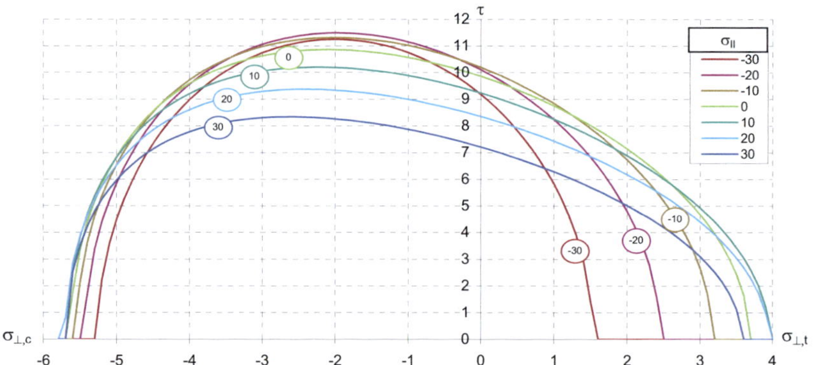

Bild 2-4   Schub-Querspannungsinteraktion in Abhängigkeit der Längsspannungen

Im Vergleich unterscheiden sich die Regressionskurven von Spengler und Hemmer für eine kombinierte Beanspruchung aus Schub und Querspannungen ohne Längsspannung im Hinblick auf die Bruchspannungen deutlich. Bei identischer Querspannung werden nach dem Modell von Hemmer wesentlich höhere Schubbruchspannungen des Holzes ertragen. Die Tangentensteigungen in dem von Spengler untersuchten Bereich der Querspannungen zwischen -2 N/mm² und +2 N/mm² sind für beide Regressionskurven annähernd gleich. Für Querdruckspannungen kleiner –2 N/mm² unterscheiden sich die Tangentensteigungen. Die großen Unterschiede in den Schubbruchfestigkeiten der beiden Modelle können mit der unterschiedlichen Prüfkörperform und Lastaufbringung erklärt werden. Die von Hemmer verwendeten röhrenartigen Prüfkörper wurden durch drehende Bearbeitung aus dem vollen Stammquerschnitt hergestellt. Besonderes Augenmerk wurde auf eine schonende Trocknung und die Vermeidung der Entstehung von Schwindrissen gelegt. Im Gegensatz dazu stammen die von Spengler verwendeten Prüfkörper aus Brettern, die zum Zeitpunkt der Entnahme eine Holzfeuchte zwischen 9% und 14% aufwiesen.

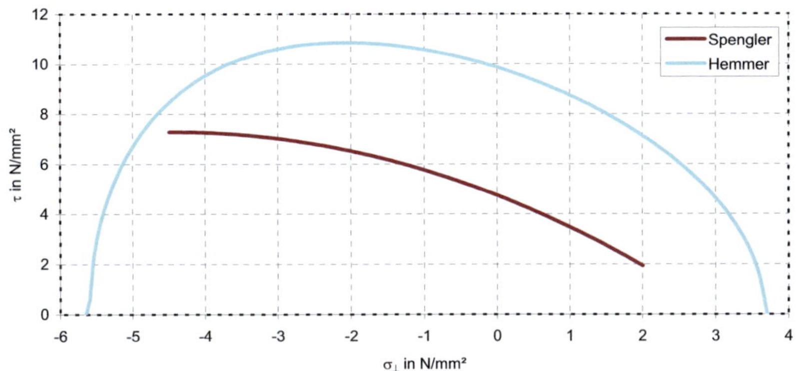

Bild 2-5 Vergleich der Regressionskurven

2.2 Schubfestigkeit von Trägern

Die Ermittlung von Schubfestigkeiten in Versuchen an biege- und schubbeanspruchten Trägern ist meist mit einigen Schwierigkeiten verknüpft. Wird bei Versuchen ein Biegeversagen des Versuchskörpers angestrebt, ist es für gewöhnlich ausreichend, die Trägerspannweite ausreichend groß zu wählen um den gewünschten Versagensmechanismus zu erreichen. Bei Versuchen mit dem Ziel eines Schubversagens des Prüfkörpers ist es hingegen nicht ausreichend, die Spannweite möglichst klein zu wählen um Biegeversagen zu verhindern. Sie darf auch nicht zu klein werden, da sich sonst das Prinzip des Lastabtrages vom biegebeanspruchten Balken zur Scheibe hin ändert. Die Versuchsabmessungen bei Schubversuchen bewegen sich also zwischen den beiden Grenzzuständen, wobei für die Möglichkeit des Biegeversagens noch eine ausreichende Sicherheit vorhanden sein sollte. Wird die Spannweite so gewählt, dass eine Beanspruchung des Versuchskörpers als Balken erreicht und eine Scheibenwirkung ausgeschlossen wird, tritt bei Versuchkörpern mit rechteckigem Querschnitt trotz allem häufig noch ein Biegeversagen vor einem Schubversagen ein.

Mit Hilfe der charakteristischen Festigkeitswerte für Nadelvollholz und Brettschichtholz in DIN 1052:2008 lässt sich eine erste Abschätzung der maximalen Spannweite vornehmen, bis zu welcher rechnerisch nicht mit einem Biegeversagen zu rechnen ist. Dazu werden die Beanspruchungen durch Schub und Biegung den entsprechenden Festigkeiten gegenübergestellt.

$$\frac{\tau}{f_v} \geq \frac{\sigma}{f_m}$$

(3)

Für einen Einfeldträger mit Rechteckquerschnitt mit einer Beanspruchung durch eine Einzellast in Feldmitte ergibt sich daraus die folgende Beziehung zwischen Spannweite und Trägerhöhe.

$$\ell \leq 0,5 \cdot \frac{f_m}{f_v} \cdot h$$

(4)

Bei einem Einfeldträgern unter einer konstanten Streckenlast ist die Randbedingung nach Gleichung (5) maßgebend, wenn ein Schubversagen erreicht werden soll.

$$\ell \leq \frac{f_m}{f_v} \cdot h$$

(5)

Hieraus ergeben sich für die unterschiedlichen Festigkeitsklassen bei Nadelvollholz und Brettschichtholz die in Tabelle 2-2 angegebnen Verhältnisse von Spannweite und Trägerhöhe bei einem Einfeldträger. Bei Vier-Punkt-Biegeversuchen mit dem Ziel eines Biegeversagens wird üblicherweise ein Abstand der Lasteinleitungsstelle vom Auflagerschwerpunkt von 6 h gewählt.

Tabelle 2-2   Spannweite-Höhe-Verhältnisse im Grenzzustand zwischen Biege- und Schubversagen

Material	Festigkeits-klasse	$f_{m,k}$	$f_{v,k}$	ℓ / h	
		N/mm²	N/mm²	Einzellast	Streckenlast
Vollholz	C24	24	2,0	6	12
BSH	GL24	24	2,5	4,8	9,6
	GL28	28		5,6	11,2
	GL32	32		6,4	12,8

Aufgrund des Problems eines möglichen Biegeversagens anstelle eines Schubversagens sind Versuche in Bauteilgröße zur Bestimmung von Schubfestigkeiten nicht einfach durchzuführen. Obermayr (1998) hat in seiner Arbeit über die Entwicklung einer optimierten Versuchskonfiguration zur Ermittlung der Schubfestigkeit von Brettschichtholz zahlreiche Forschungsarbeiten über die Schubfestigkeit von Holz analysiert. Die Arbeiten behandeln Schubversuche an Ein- und Mehrfeldträgern unterschiedlichster Abmessungen und Anordnungen, wobei verschiedene Holzarten geprüft wurden. Generell werden bei Versuchen mit Mehrfeldträgern höhere Schubfestigkeiten erreicht als bei Einfeldträgern. Bei Mehrfeldträgern ist die Querkraft an den Endauflagern im Vergleich zum Einfeldträger geringer. Große Trägerüberstände über das Auflager hinaus bewirken eine Behinderung der Schubverformung und dadurch eine Steigerung der Schubfestigkeit.

Der Einfluss der Holzfeuchte und der Einfluss von Rissen aus Feuchteänderungen des Holzes wurde von Rammer und McLean (1996) anhand eines Zweifeldträgers untersucht. Für die Holzart Southern Pine wurden bei einer Holzfeuchte von 12% um im Mittel 40% höhere Schubfestigkeiten als bei einer Holzfeuchte von 20% festgestellt. Von Korin (1996) wurden Versuchskörper mit Rechteckquerschnitt mit Sägeschnitten in Längsrichtung im Bereich der höchsten Schubspannung über den Querschnitt versehen, um künstlich eine Querschnittsreduktion zu erzeugen. Damit wird die Schubtragfähigkeit reduziert, wobei die Biegtragfähigkeit der Versuchsträger erhalten bleibt. Durch diese Methode ermittelte Schubfestigkeiten entsprechen jedoch nicht unbedingt der tatsächlichen Schubfestigkeit des Trägers, da die Stelle des Versagens durch die Querschnittsschwächung vorgegeben ist. Bei einem nicht manipulierten Querschnitt tritt Schubversagen immer an der Stelle ein, an der die Beanspruchung die Tragfähigkeit übersteigt. Dies wird durch die gezielte Querschnittsschwächung verhindert. Trotz der Querschnittsschwächung versagte von fünf geprüften Einfeldträgern aus Fichte lediglich ein Prüfkörper infolge Schubbeanspruchung.

Durch einen geeigneten Querschnittsaufbau ist es möglich, das Verhältnis von Biegetragfähigkeit zu Schubtragfähigkeit im Vergleich zu einem rechteckigen Querschnittsaufbau zu erhöhen. Ein Stegträger besitzt sowohl eine ausreichend hohe Biegetragfähigkeit im Verhältnis zur Schubtragfähigkeit, gleichzeitig wird ein freies und ungestörtes Schubversagen im Stegbereich ermöglicht.

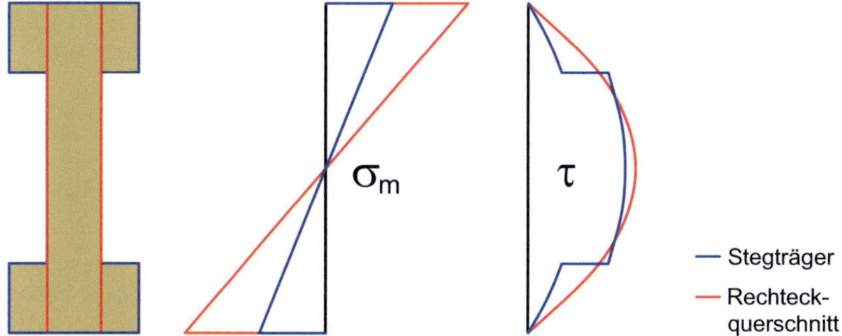

Bild 2-6   Spannungsverteilungen bei Vollquerschnitt und I-Profil

Obermayr hat verschiedene Versuchsanordnungen zur Ermittlung der Schubfestigkeit von Brettschichtholzträgern in Bauteilgröße ermittelt und diese im Versuch überprüft. Die Untersuchungen von Schickhofer und Pischl (1999) greifen auf eine von Obermayr vorgeschlagene Versuchsanordnung zurück. Insgesamt 75 Versuche der in Bild 2-7 dargestellten Versuchsanordnung wurden durchgeführt. Die Träger waren homogen aufgebaut und entsprachen Festigkeitsklassen von GL24 bis GL36. Gurte und Stege wurden einzeln hergestellt und anschließend blockverklebt.

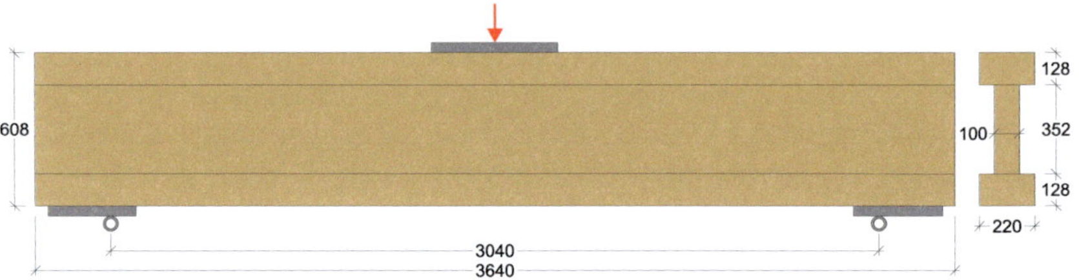

Bild 2-7   Versuchsaufbau nach Obermayr (1998), Maße in mm

Lediglich bei den Versuchen mit den hohen Festigkeitsklassen GL32 und GL36 konnte bei allen durchgeführten Versuchen Schubversagen festgestellt werden. Bei den Versuchen mit den Trägern in den Klassen GL24 und GL28 traten auch andere Versagensarten auf. Dies waren Biegeversagen, Querzugversagen im Gurt infolge Hineindrücken des Stegs, Querzugversagen im Übergangsbereich zwischen Obergurt und Steg am Trägerende sowie Querdruckversagen an der Lasteinleitungsstelle.

Tabelle 2-3   Versuchsergebnisse des Einfeldträgers

Festigkeitsklasse	GL24	GL28	GL32	GL36
Versuche	30	15	15	15
davon Schubversagen	22	7	15	15
ρ_m in kg/m³	433	445	462	500
$f_{v,m}$ alle in N/mm²	4,30	4,17	4,11	3,84
$f_{v,m}$ nur Schub in N/mm²	4,23	4,09	4,11	3,84

Die Ergebnisse von Schickhofer und Pischl belegen einen Einfluss der Festigkeitsklasse von Brettschichtholz auf die Schubfestigkeit. Sie nimmt bei höheren Festigkeitsklassen tendenziell ab. Dieser Effekt wird mit der besseren Qualität der verwendeten Brettware bei steigender Festigkeitsklasse erklärt. Mit zunehmender Festigkeitsklasse sinkt die Ästigkeit, der Faserverlauf wird geradliniger. Äste bewirken einen Verdübelungseffekt, der Schubverformungen behindert. Des weiteren sind Faserabweichungen um starke Äste lokal besonders groß. Ein in Trägerlängsrichtung variierender Faserverlauf erschwert die Entstehung einer Schubbruchflache, die sich meist zwischen den Jahrringen in Faserlängsrichtung bildet.

Zusätzlich zu den oben beschriebenen Versuchen mit Einfeldträgern wurden fünf Versuche mit einem um 450 mm verlängerten Überstand über das Auflager hinaus durchgeführt. Ein positiver Einfluss des Überstandes auf die Schubfestigkeit konnte, auch aufgrund des geringen Versuchsumfangs, nicht festgestellt werden. Des weiteren wurden 15 Zweifeldträger, ebenfalls mit einem Querschnittsaufbau aus Steg und Gurten geprüft. Im Mittel lagen die Schubfestigkeiten der Zweifeldträger um 37% über denen der Einfeldträger.

3 Verstärkungsmittel

Für eine wirkungsvolle Schubverstärkung müssen Verstärkungsmittel unabhängig von ihrer Anordnung eine hohe Verbundsteifigkeit aufweisen. Je größer die Steifigkeit für eine Beanspruchung in axialer Richtung, desto größer ist die Behinderung der Schubverformung des Holzes und damit der Querkraftanteil, der vom Verstärkungsmittel übernommen wird. Diese Eigenschaft erfüllen in Richtung ihrer Achse beanspruchte Verstärkungsmittel, die über Verzahnung oder Verklebung mit dem Holz verbunden sind. Theoretisch wäre eine Verwendung lateral beanspruchter Verstärkungsmittel bei ausreichender Steifigkeit für eine Schubverstärkung möglich. Jedoch ist das Last-Verformungsverhalten von rechtwinklig zu ihrer Achse beanspruchten Verbindungsmitteln deutlich weicher als bei Verbindungsmitteln, die in Richtung ihrer Achse beansprucht werden.

3.1 Axiale Beanspruchung

Selbstbohrende Holzschrauben haben sich in den letzen Jahren im Holzbau aufgrund ihrer vergleichsweise hohen Tragfähigkeit auf Herausziehen und einfachen Montage als leistungsfähiges Verbindungsmittel durchgesetzt. Im Vergleich zu einer Beanspruchung rechtwinklig zu ihrer Achse besitzen axial beanspruchte selbstbohrende Holzschrauben bei ausreichend großer Verankerungslänge eine vielfach höhere Tragfähigkeit und Steifigkeit. Selbstbohrende Holzschrauben sind in Durchmessern bis 13 mm und Längen bis 1000 mm auf dem Markt verfügbar. Das Verlaufen der Schrauben aus der Sollachse beim Einschrauben setzt der Verwendung von langen selbstbohrenden Holzschrauben jedoch Grenzen, wenn diese nahe am Bauteilrand eingesetzt werden oder es auf eine präzise Lage der Schraube im Holz ankommt.

Für große Einschraublängen bestens geeignet sind hingegen Gewindestangen mit einem Gewinde nach DIN 7998. Diese Holzschrauben sind in Längen bis zu drei Metern und Nenndurchmessern von 16 mm und 20 mm erhältlich. Nach dem Vorbohren des Holzes mit einem Bohrdurchmesser, der dem Kerndurchmesser der Gewindestange zuzüglich einem Millimeter entspricht, wird die Gewindestange in das Bohrloch eingeschraubt. Einige Hersteller produzieren Gewindestangen in unterschiedlichen Längen mit einem Kopf zum Ansatz der Einschraubmaschine, andere Hersteller produzieren die Stangen in einer festen Länge und verzichten auf einen Kopf. Bei diesem Typ Gewindestangen muss eine spezielle Hülse zum Einschrauben verwendet werden. Die langen Gewindestangen lassen sich so durch Zuschnitt passend einsetzen. Mit Hilfe spezieller Bohrsysteme können auch noch zwei Meter lange Bohrungen mit hoher Präzision ausgeführt werden. In der Querzugverstärkung von Satteldachbindern und gekrümmten Bauteilen werden Gewindestangen erfolgreich eingesetzt. Die überstehenden Schraubenenden werden nach dem Eindrehen oberflächenbündig abgesägt.

Ebenso wie selbstbohrende Vollgewindeschrauben und Gewindestangen mit einem Gewinde nach DIN 7998 eignen sich auch eingeklebte Stahlstäbe als Schubverstärkung. Sie besitzen ebenso wie Vollgewindeschrauben eine hohe Steifigkeit bei Beanspruchung in Richtung ihrer Achse.

Zur Integration des Verbundverhaltens von selbstbohrenden Holzschrauben und Gewindestangen in numerische Rechenmodelle sind Kenntnisse über das Last-Verformungsverhalten notwendig. Wichtigstes Merkmal ist hierbei die axiale Verbundsteifigkeit. Wesentliche Einflussparameter sind der Schraubentyp, der Schraubendurchmesser, der Einschraubwinkel, die Einschraublänge, sowie die Rohdichte des Holzes. Aufgrund der hohen Anzahl unterschiedlicher Schraubentypen der verschiedenen Hersteller ist eine einheitliche Kategorisierung sehr unscharf.

In Blaß et al. (2006) sind sowohl Gleichungen zur Beschreibung des axialen als auch des lateralen Verbundverhaltens selbstbohrender Vollgewindeschrauben angegeben. Aufgrund der weit streuenden Versuchsergebnisse bei Schrauben unterschiedlichen Typs wird jedoch empfohlen, für den jeweiligen Schraubentyp das Verbundverhalten durch Versuche zu ermitteln. Der typische Verlauf einer Last-Verformungskurve ist in Bild 3-1 dargestellt.

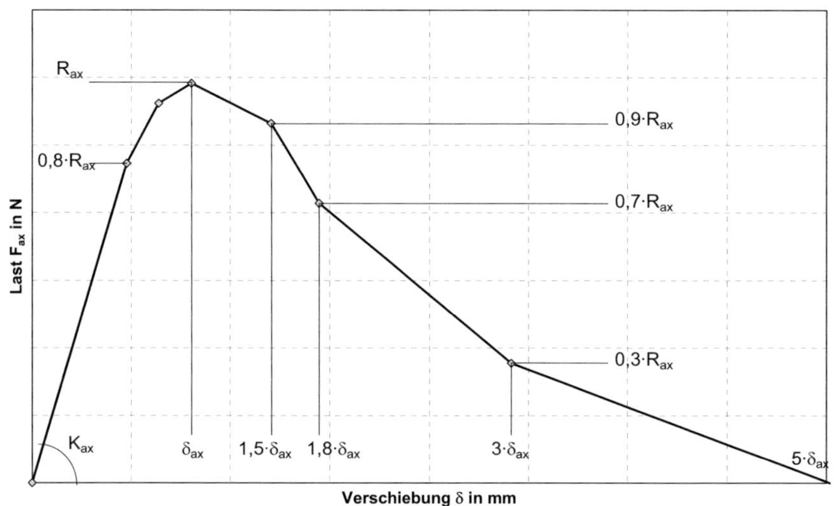

Bild 3-1:   Last-Verformungsverhalten von Vollgewindeschrauben bei axialer Beanspruchung

Die Last-Verformungskurve kann durch den axialen Verschiebungsmodul K_ax, durch den Ausziehwiderstand R_ax sowie durch die zugehörige Grenzverformung δ_ax beschrieben werden.

$$R_\mathrm{ax} = \frac{0{,}6 \cdot \sqrt{d} \cdot l_\mathrm{s}^{0,9} \cdot \rho^{0,8}}{1{,}2 \cdot \cos^2\alpha + \sin^2\alpha} \qquad \text{in N} \tag{6}$$

$$\delta_\mathrm{ax,a} = \frac{0{,}0016 \cdot d \cdot \sqrt{\rho \cdot l_\mathrm{s}}}{1{,}54 \cdot \cos^2\alpha + \sin^2\alpha} \qquad \text{in N/mm} \tag{7}$$

$$K_\mathrm{ax} = 234 \cdot \left(\rho \cdot d\right)^{0,2} \cdot \ell_\mathrm{s}^{0,4} \qquad \text{in mm} \tag{8}$$

mit $\quad \ell_\mathrm{s} \quad$ Länge des im Holz eingedrehten Gewindebereiches in mm

$\qquad \rho \quad$ Rohdichte des Holzes in kg/m³

$\qquad d \quad$ Nenndurchmesser der Schraube in mm

$\qquad \alpha \quad$ Winkel zwischen Schraubenachse und Holzfaserrichtung

Diese Gleichungen wurden an zahlreichen Versuchsergebnissen kalibriert und bilden damit einen Mittelwert aller Versuchsergebnisse ab. Es wurden Schraubendurchmesser bis 12 mm untersucht, die Verankerungslängen der Schrauben im Holz lagen zwischen 20 und 120 mm. Die Gleichungen zur Bestimmung des Ausziehwiderstandes R_ax und der Grenzverformung δ_ax sind für beliebige Kraft-Faserwinkel, die Gleichung für den axialen Verschiebungsmodul K_ax ist jedoch nur für Kraft-Faserwinkel von 90° gültig. Sofern das Verstärkungsmittel nicht durch Ausknicken versagt, ist das Last-Verformungsverhalten von druckbeanspruchten Schrauben identisch mit dem Verhalten zugbeanspruchter Schrauben.

Die untersuchten Einschraublängen sind mit maximal 120 mm im Vergleich zu den möglichen Einschraublängen in Schubverstärkungen von bis zu 1000 mm sehr gering. Eine Überprüfung der Gleichungen im Hinblick auf Ihre Gültigkeit bei größeren Verankerungslängen der Verstärkungsmittel ist daher nötig, um das Verbundverhalten von Schubverstärkungen im Rechenmodell richtig abbilden zu können.

Mit selbstbohrenden Vollgewindeschrauben $\varnothing$ 8 mm eines Herstellers wurden insgesamt 13 Ausziehversuche aus Brettschichtholz mit einem Kraft-Faserwinkel von 45° durchgeführt. Die Verankerungslänge der Schrauben im Holz betrug 80 mm. Aus einem Brettschichtholzträger wurden quaderförmige Prüfkörper mit einem Winkel zwischen Längsachse und Faserrichtung von 45° herausgesägt. Die mittlere Rohdichte betrug 400 kg/m³, die mittlere Holzfeuchte 12%. Die Schrauben wurden ohne Vorbohren derart in die Prüfkörper eingeschraubt, dass Schraubenkopf und Schraubenspitze noch ausreichend weit aus dem Prüfkörper herausragten. Am Schraubenkopf war der Lastangriff für die Beanspruchung des Herausziehens, am unbelasteten unteren Ende der Schraubenspitze wurde die Relativverformung zwischen Schraube und Holz gemessen. Die Versuchsergebnisse sind in Tabelle 3-1 zusammengefasst. Einzelne Versuchsergebnisse, die zugehörigen Last-Verformungskurven sowie der Versuchsaufbau sind im Anhang 13.1 hinterlegt. Die Grenzverformung δ_{ax} bezeichnet die Verformung bei Erreichen der Höchstlast. Die Steifigkeit $K_{ax,45°}$ wurde für Wertepaare zwischen Null und 80% der Höchstlast bestimmt.

Tabelle 3-1   Ergebnisse der Ausziehversuche mit Vollgewindeschrauben $\varnothing$ 8 mm

	$R_{ax,45°}$	$K_{ax,45°}$	$\delta_{ax,45°}$
	in kN	in N/mm	in mm
Mittelwert	12,3	25.400	0,84
Standardabweichung	1,38	6.390	0,15
Variationskoeffizient	11,3%	25,2%	17,5%

Bestimmt man den Wert der Ausziehtragfähigkeit und der zugehörigen Grenzverformung nach den Gleichungen (6) und (7) unter den gegebenen Randbedingungen, so ergibt sich $R_{ax,45°}$ = 9,57 kN und $\delta_{ax,45°}$ = 1,80 mm. Der Rechenwert der Grenzverformung unterscheidet sich deutlich vom ermittelten Versuchswert.

Die Bemessung von Gewindestangen mit einem Gewinde nach DIN 7798 ist in DIN 1052:2008 geregelt. Die für die Berechnung von schubverstärkten Trägern benötigten Mittelwerte des Ausziehwiderstandes und der Steifigkeit bei Herausziehen wurden durch Versuche ermittelt. Insgesamt wurden 80 Ausziehversuche mit Gewindestangen ausgewertet. Bei den Versuche wurden folgende Parameter variiert:

Nenndurchmesser: 16 mm und 20 mm

Kraft-Faserwinkel: 90° und 45°

Verankerungslänge: 200 mm und 400 mm

Der Vorbohrdurchmesser betrug 13 mm für Gewindestangen mit einem Nenndurchmesser von 16 mm. Bei Gewindestangen $\varnothing$ 20 mm wurde mit einem Durchmesser von 16 mm vorgebohrt. Dies entspricht jeweils dem Kerndurchmesser zuzüglich einem Millimeter. Für jede der möglichen Kombinationen der Parameter wurden 10 Versuche durchgeführt. Das Material für die Prüfkörper wurde aus zwei Brettschichtholzträgern entnommen. Ebenso wie bei den Ausziehversuchen mit selbstbohrenden Vollgewindeschrauben wurden daraus quaderförmige Prüfkörper mit einem Winkel zwischen Längsachse und Faserrichtung von 45° aus den Brettschichtholzträgern herausgesägt. Die Prüfkörper waren normalklimatisiert. Nach dem Vorbohren wurden die Gewindestangen mit überstehenden Schraubenenden, wie in Bild 3-2 dargestellt, eingeschraubt. Die Verformung der beiden Schraubenenden wurden relativ zum

Prüfkörper in Abhängigkeit der axialen Belastung gemessen. Die Verformungsmessung am oberen, belasteten Schraubenende beinhaltet die Stahldehnung der Schraube, am unteren, lastfreien Ende wird lediglich die Verformung zwischen Schraube und Holz gemessen. Die axiale Verbundsteifigkeit wurde zwischen dem lastfreien Zustand und einer Belastung von 80% der Höchstlast ermittelt.

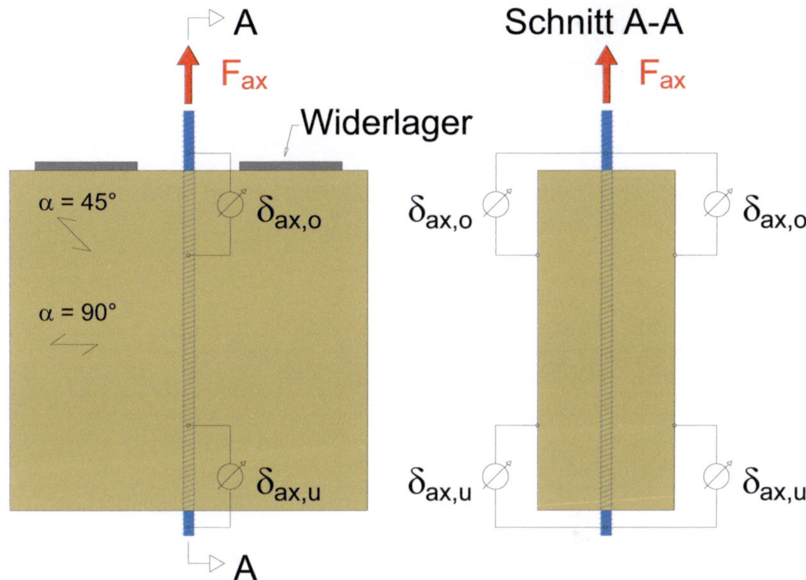

Bild 3-2   Versuchsanordnung, Herausziehen von Gewindestangen

Die vollständigen Versuchsergebnisse und Last-Verformungsdiagramme sind in Anhang 13.1 aufgeführt. Die Ergebnisse der Versuche sind in Tabelle 3-2 und Tabelle 3-3 zusammengefasst. Neben den Mittelwerten sind die jeweiligen Variationskoeffizienten für die einzelnen Parameterkonfigurationen in Klammern angegeben. Die Steifigkeiten K_{ax} sind bei einem Kraft-Faserwinkel von 45° generell deutlich größer als bei einem Winkel von 90°. Ebenso ist eine überproportionale Zunahme der Steifigkeit bei einer Verdopplung der Verankerungslänge bei gleichem Einschraubwinkel feststellbar. Für Verankerungslängen von 400 mm wurde bei allen Versuchsserien ein geringerer Wert der Grenzverformung δ_{ax} ermittelt als bei den Versuchen mit 200 mm Verankerungslänge.

Tabelle 3-2 Ergebnisse – Ausziehversuche mit Gewindestangen $\varnothing$ 16 mm

Winkel	ℓ_s in mm	ρ in kg/m³		R_{ax} in kN		$\delta_{ax,u}$ in mm		$K_{ax,u}$ in N/mm	
45°	200	430	(0,3%)	45,6	(11%)	2,41	(8,8%)	43.700	(11%)
	400	433	(0,8%)	92,4	(6,4%)	2,29	(11%)	102.000	(19%)
90°	200	422	(3,2%)	37,4	(8,5%)	3,09	(5,2%)	22.400	(15%)
	400	441	(1,3%)	94,1	(6,1%)	2,83	(8,8%)	79.000	(27%)

Tabelle 3-3 Ergebnisse – Ausziehversuche mit Gewindestangen $\varnothing$ 20 mm

Winkel	ℓ_s in mm	ρ in kg/m³		R_{ax} in kN		$\delta_{ax,u}$ in mm		$K_{ax,u}$ in N/mm	
45°	200	431	(0,3%)	56,6	(11%)	2,73	(11%)	44.800	(22%)
	400	433	(0,8%)	117	(7,1%)	2,52	(7,6%)	120.000	(13%)
90°	200	425	(3,4%)	47,9	(7,5%)	3,44	(6,8%)	25.500	(13%)
	400	441	(1,3%)	115	(3,8%)	3,14	(6,7%)	76.300	(15%)

Das wichtigste Merkmal zur Beurteilung von Verstärkungsmitteln im Hinblick auf deren Wirksamkeit bei Schubverstärkungen ist deren axiale Verbundsteifigkeit. Die einzelnen Versuchsergebnisse der axialen Verbundsteifigkeiten K_{ax} sind für Kraft-Faserwinkel von 45° in Bild 3-3 grafisch aufbereitet. Zur besseren Vergleichbarkeit der ermittelten Verbundeigenschaften werden aus allen Versuchen einer Serie mittlere Last-Verformungskurven gebildet und der Ausziehwiderstand in Abhängigkeit der Höchstlast R_{ax} angegeben (Bild 3-4).

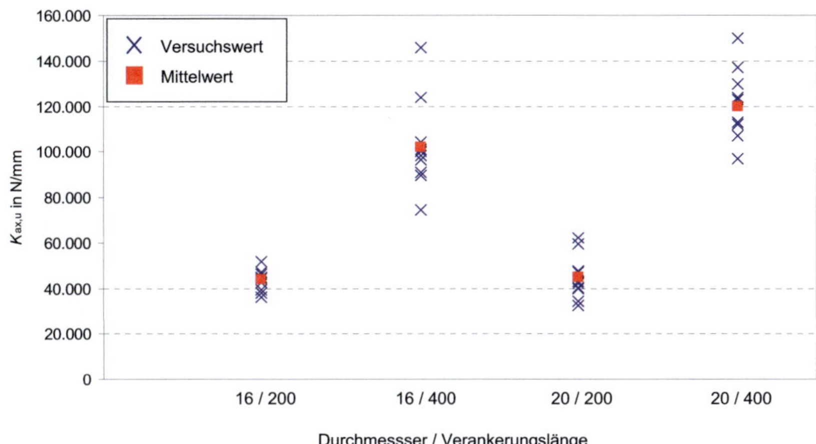

Bild 3-3 Axiale Verbundsteifigkeiten $K_{ax,u}$ für Kraft-Faserwinkel von 45°

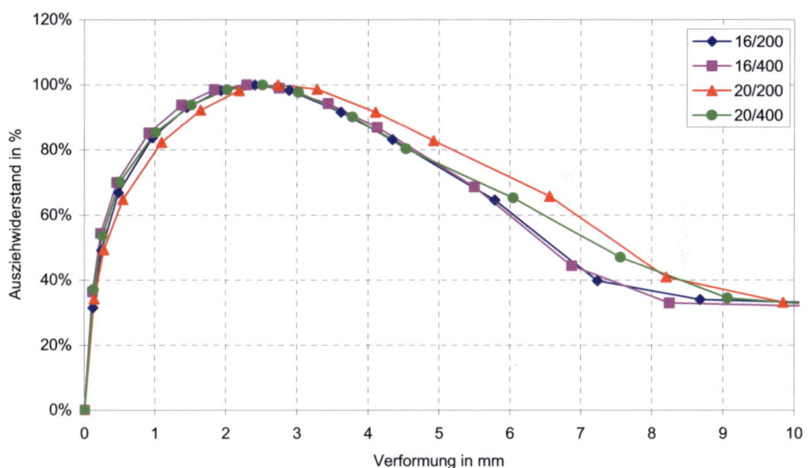

Bild 3-4 Mittlere Last-Verbundkurven bei axialer Beanspruchung unter 45° zur Faser

Im Rahmen dieses Forschungsvorhabens wurden auch Versuche mit nach dem Eintritt eines Schubversagens sanierten Brettschichtholzträgern durchgeführt. Zwei dieser Träger wurden mit eingeklebten Stahlstäben saniert. Die verwendeten Stahlstäbe waren metrische Gewindestangen $\varnothing$ 12 mm, der Bohrlochdurchmesser betrug 15,5 mm. Für die Klebeverbindung wurde ein Zwei-Komponenten-Epoxidharzsystem verwendet, welches speziell zum Einkleben von Stahlstäben geeignet ist. Der Ausziehwiderstand und die Verbundsteifigkeit der Klebeverbindung bei einer Beanspruchung der Stahlstäbe auf Herausziehen unter einem Winkel zur Faserrichtung des Holzes von 45° wurde durch sechs Versuche ermittelt. Die Prüfkörper wurden aus einem Brettschichtholzträger hergestellt. Die mittlere Rohdichte betrüg 398 kg/m³, die mittlere Holzfeuchte lag bei 12,0%. Die Verankerungslänge der Stahlstäbe im Holz betrug 80 mm. Der Versuchsaufbau entspricht der Darstellung in Bild 3-2, jedoch wurde die Relativverformung zwischen Stahlstab und Prüfkörper nur am beanspruchten oberen Stabende gemessen. Die beiden ersten Versuche wurden zunächst mit einer Verankerungslänge von 100 mm geprüft. Diese Verankerungslänge führte zu einem Versagen der Stahlstäbe und wurde daraufhin auf 80 mm verringert. Die Versuche wurden mit der verkürzten Verankerungslänge wiederholt und der Ausziehwiderstand bestimmt. Die Verbundsteifigkeit wurde aus der Last-Verformungsbeziehung des Versuchsdurchgangs mit 100 mm Verankerungslänge bestimmt.

Tabelle 3-4   Ergebnisse der Ausziehversuche mit eingeklebten Stahlstäben

Nummer	R_{ax}	$K_{ax,o}$	$\delta_{max,o}$
	kN	N/mm	mm
1	48,5	64.300	-
2	54,3	69.100	-
3	57,7	60.200	1,38
4	51,8	63.900	1,22
5	56,5	67.200	1,31
6	62,5	74.800	1,26
Mittelwert	55,2	66.600	1,29
Variationskoeffizient	8,8%	7,6%	5,4%

3.2   Laterale Beanspruchung

Neben dem Last-Verformungsverhalten bei axialer Beanspruchung wurde auch das Last-Verformungsverhalten selbstbohrender Vollgewindeschrauben bei Beanspruchung rechtwinklig zur Schraubenachse von Blaß et al. (2006) ermittelt. Die Lochleibungsfestigkeit des Holzes in Abhängigkeit des Winkels zwischen der Schraubenachse und der Faserrichtung wird durch die folgende Gleichung beschrieben:

$$f_{h,s} = \frac{0,022 \cdot \rho^{1,24} \cdot d^{-0,3}}{2,5 \cdot \cos^2 \varepsilon + \sin^2 \varepsilon} \quad \text{in N/mm}^2 \tag{9}$$

mit d Nenndurchmesser der Holzschraube in mm

ρ Rohdichte des Holzes in kg/m³

ε Winkel zwischen Schraubenachse und Holzfaserrichtung

Die typische Last-Verformungskurve bei einer Beanspruchung von Vollgewindeschrauben rechtwinklig zu ihrer Achse ist in Bild 3-5 dargestellt. Diese Kurve wird durch eine 3-parametrische Exponentialfunktion beschrieben:

$$\sigma_{h,s}(w) = f_{h,s} \cdot \left[K_2 + K_3 \cdot (w - w_s) \right] \cdot \left[1 - e^{\left(-K_1 \frac{w - w_s}{K_2} \right)} \right] \leq f_{h,s} \tag{10}$$

Die Kurvenparameter K sowie die Anfangsverformung w_s wurden für unterschiedliche Einschraub- und Beanspruchungswinkel anhand von je 80 Versuchen ermittelt. Für nicht untersuchte Kombinationen kann aus den Tabellenwerten linear interpoliert werden.

Tabelle 3-5   Kurvenparameter und Anfangsverformung

α - ε	K_1	K_2	K_3	w_s
0° - 90°	1,287	1,029	-0,010	0,022
45° - 90°	1,301	0,889	0,019	0,009
90° - 90°	0,917	0,695	0,061	0,025
$\varepsilon = 0°$	1,678	0,878	0,021	0,010

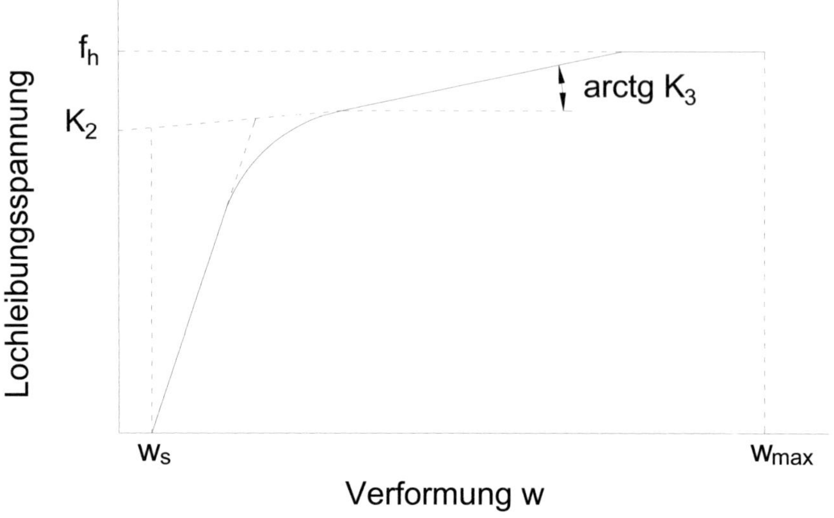

Bild 3-5: Verlauf der Näherungsfunktion einer Spannungs-Verformungs-Kurve eines Lochleibungsversuches aus Blaß et al. (2006)

4   Rechenmodell

Die Grundlagen zur Beschreibung Schubversagens und des Last-Verformungsver-
haltens von Verstärkungsmitteln wurden in den Abschnitten 2 und 3 vorgestellt. Die
Einbindung dieser Versuchsergebnisse in ein Finite-Elemente-Modell wird in diesem
Abschnitt beschrieben. Zur Modellierung schubverstärkter Träger wird die Finite-
Elemente-Anwendung ANSYS 11.0 verwendet. Die Struktur der Träger wird mit ebenen Vier-Knoten-Elementen (PLANE42) modelliert. Dieses Element erlaubt eine Ein-
gabe der Elementbreite und eignet sich daher gut für eine Modellierung von Trägern
mit veränderlichen Querschnittsbreiten. Modelliert wurden ausschließlich Einfeldträger, die durch konstante Querkräfte infolge Einzellasten und durch veränderliche
Querkräfte infolge einer Streckenlast beansprucht werden. Im Falle einer Beanspruchung eines Trägers durch eine konstante Querkraft zwischen den Lasteinleitungsstellen wurde das Modell des Trägers, wie in Bild 4-1 dargestellt, erstellt. Bei einer
Beanspruchung durch eine Gleichstreckenlast wurde diese als Linienlast an der Trägeroberkante aufgebracht. Die Symmetrie der Träger wurde ausgenutzt und nur eine
Trägerhälfte bis zur Symmetrieebene modelliert. Die unterschiedlichen Farben der
Elemente in der Darstellung stehen für unterschiedliche Eigenschaften der Elemente,
wie Elementbreite oder Materialeigenschaften. Die Belastung des Modells erfolgt in
einzelnen Lastschritten. Nach jedem Lastschritt können die Rechenergebnisse im
Hinblick auf ein Schubversagen, abhängig vom jeweiligen Versagenskriterium, beurteilt werden.

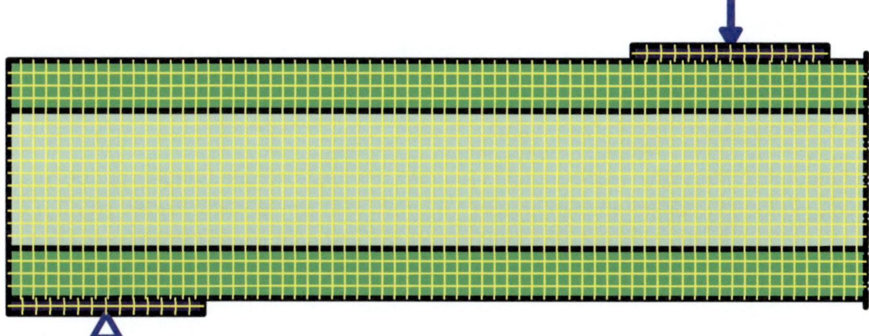

Bild 4-1   FE-Modell

Die Schubfestigkeit der modellierten Träger wird mit Hilfe der technischen Biegelehre
anhand der Querkraft V am Auflager berechnet.

$$f_v = \frac{V \cdot S_y}{I_y \cdot b} \tag{11}$$

4.1 Modellierung des Schubversagens

Zur Modellierung des Schubversagens in einem Finite-Elemente-Modell bieten sich zwei Möglichkeiten an. Zum einen kann das Schubversagen des modellierten Bauteils durch ein festgelegtes Versagenskriterium, welches auf der Auswertung von Elementspannungen für sämtliche Lastschritte basiert, festgestellt werden. Als Versagenskriterium kann eine der in Abschnitt 2.1 vorgestellten Interaktionsgleichungen für Schubversagen bei gleichzeitig einwirkender Querspannung verwendet werden. Eine weitere Möglichkeit, Schubversagen im Modell abzubilden, besteht in der Modellierung und Simulation des Schubversagens im Bauteil durch einen Separationsbruch, wie er auch bei Bauteilversuchen entsteht. Zur Modellierung muss hierfür jedoch das Spannungs-Verformungsverhalten des Holzes bei Schubbeanspruchung bekannt sein. Eine Berücksichtigung der Auswirkung unterschiedlicher Spannungskombinationen auf das Spannungs-Verformungsverhaltens des Holzes ist hierbei nur mit großem numerischen Aufwand möglich. Die Eigenschaften des Elementes zur Abbildung des Schub-Verformungsverhaltens müssen bei jedem Lastschritt für jedes Element in Abhängigkeit der Elementspannungen iterativ angepasst werden. Zur Modellierung eines solchen Modells wäre jedoch zunächst ein großer Versuchsaufwand notwendig, um das Last-Verformungsverhalten des Holzes bei unterschiedlichen Spannungskombinationen zu ermitteln. Ein weiterer Nachteil ist die aufwändigere Berechnung mit nichtlinearen Federelementen. Das Modell, welches den Schubbruch simuliert, berücksichtigt daher den Einfluss von Querspannungen auf die Schubfestigkeit nicht. Zunächst werden beide Modelle mit ihren unterschiedlichen Versagenskriterien für numerische Untersuchungen verwendet. Im Vergleich mit den Ergebnissen aus den durchgeführten Versuchen wird die Gültigkeit der verschiedenen Modelle bewertet.

4.1.1 Versagenskriterium Elementspannungen

Für jedes Element des Trägermodells werden die Elementspannungen in der Nachbereitung der numerischen Berechnung ausgewertet. Die Berechnungen werden mit vielen kleinen Lastschritten durchgeführt. Bei der Auswertung der Rechenergebnisse wird nach jedem Lastschritt eine Überprüfung eines Versagenskriteriums durchgeführt. Wird das Versagenskriterium erreicht, ergibt sich die Schubfestigkeit des Trägers anhand der Querkraft am Auflager aus diesem Lastschritt.

Als Versagenskriterium wird Gleichung (1) verwendet, die aus den von Spengler (1982) durchgeführten Versuchen mittels einer Regressionsanalyse ermittelt wurde. Die Auswirkungen von Längsspannungen auf die Schubfestigkeit wird nicht berücksichtigt. In einem Träger wird die Schubspannung nach der Biegelehre im Bereich der Trägerachse maximal. Die Längsspannungen sind in diesem Bereich nahe Null.

Somit ist der Einfluss der Längsspannungen auf die Schubbruchspannung in diesem Bereich gering.

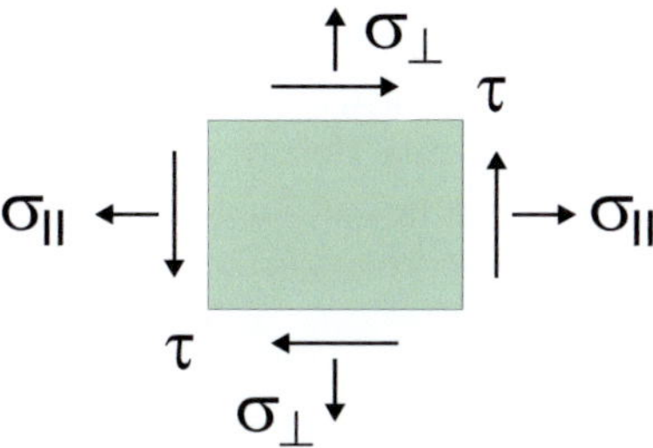

Bild 4-2   Elementspannungen

Die Schubfestigkeit von Bauteilen ist u.a. abhängig vom schubbeanspruchten Volumen sowie in geringerem Maße von der Ästigkeit und der Rohdichte und damit von der jeweiligen Festigkeitsklasse. Daher muss Gleichung (1) für die jeweilige betrachtete Festigkeitsklasse kalibriert werden, um eine bestmögliche Übereinstimmung der Rechenergebnisse mit den Versuchsergebnissen zu erzielen. Dies wird mit einer Anpassung des Wertes τ_0, der Schubfestigkeit für den Zustand ohne Querspannungen, erreicht. Auch ein anderes Bezugsvolumen im Modell als das von Spengler in den Versuchen geprüfte Volumen macht eine Anpassung des Versagenskriteriums nötig.

$$\tau_{krit} = \tau_0 - 1{,}15 \cdot \sigma_\perp - 0{,}13 \cdot \sigma_\perp{}^2 \tag{12}$$

Schubversagen tritt ein, wenn die Schubspannung im Element die ertragbare Schubspannung bei kombinierter Beanspruchung überschreitet. Das Schubversagenskriterium lässt sich damit wie folgt formulieren:

$$\tau_{elem} > \tau_{krit}\left(\sigma_{\perp,elem}\right) \tag{13}$$

Aus Robustheitsgründen wird ein Schubversagen des Trägers erst angenommen, wenn das Versagenskriterium für drei Elemente erfüllt ist. Die Querschnittsabmessungen der Trägerelemente im Modell sollten möglichst den Abmessungen der von Spengler geprüften Brettelemente entsprechen, um den Einfluss des beanspruchten Volumens im Modell zu minimieren.

Der Aufbau des Trägermodells ist homogen, d. h. die Eigenschaften und Schubfestigkeiten jedes Elementes sind gleich. Lediglich aufgrund der lokalen Querspannungen im Element ändern sich die Eigenschaften. Streuungen der Schubfestigkeiten und Steifigkeiten aufgrund von streuenden Materialeigenschaften werden nicht berücksichtigt.

4.1.2 Versagenskriterium Schubbruch

Beim Versagenskriterium des Schubbruchs wird das Schubversagen des Holzes durch einen Separationsbruch im Modell simuliert. Eine Schubversagensfläche teilt das Trägermodell in zwei Teile. Nichtlineare Federelemente (COMBIN39), welchen das Schub-Verformungsverhalten des Holzes zugewiesen ist, verbinden die sich überlagernden Elementkonten der beiden Modellteile. Die Federelemente können ausschließlich Kräfte in Trägerlängsrichtung übertragen. Druckkräfte quer zur Trägerlängsrichtung werden über Kontaktelemente (CONTA171 und TARGE169) zwischen den beiden Modellteilen übertragen. Ein Problem dieses Modells tritt bei großen Trägerdurchbiegungen und damit großen Winkeländerungen der Tangente an die Schubversagensfläche im verformten Zustand auf. Der Winkel zwischen der Kraftrichtung der Kontaktelemente und der Wirkungsrichtung der Schubfederkraft ändert sich und es kommt zu einer gegenseitigen Beeinflussung der beiden Elemente.

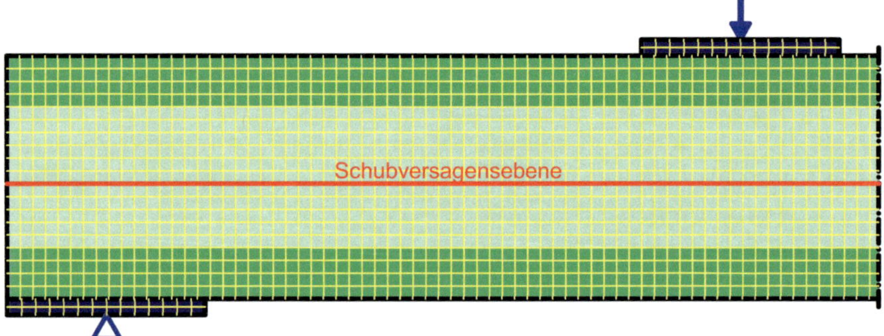

Bild 4-3   Modell mit Schubversagensfläche

Das Materialgesetz der nichtlinearen Federelemente, die das Schub-Verformungsverhalten abbilden, wird durch eine Last-Verformungs-Kurve definiert. Untersuchungsergebnisse zum Verformungsverhalten des Holzes in der Bruchebene bei Schubbeanspruchung liegen nicht vor. Die Schubfestigkeit ist zwar bekannt, nicht jedoch die zugehörige Verformung des Holzes. Schubversagen ist eine spröde Versagensform, die bei faserparallelen Verschiebungen von weniger als einem Millimeter eintritt. Die Verformungen des Holzes können aufgrund von Messungenauigkeiten nicht direkt aus Versuchen ermittelt werden. Das Materialverhalten des Holzes bei Schubbeanspruchung wurde daher zur Durchführung der Untersuchungen an schubverstärkten Trägern aus Versuchsergebnissen abgeleitet. Mit Hilfe der von Xu, Reinhardt und Gappoev (1996) durchgeführten Versuche zur Bestimmung der Bruchenergie im Modus II wurden die nichtlinearen Federelemente kalibriert. Als Modus II wird in der Bruchmechanik die Beanspruchung auf Abscheren in Längsrichtung bezeichnet. Die Versuche wurden mit Hilfe der Finite-Elemente-Methode nachgebildet. Die Eigenschaften der Federelemente zur Abbildung des Schub-Verformungsverhaltens wurden variiert, bis eine bestmögliche Übereinstimmung von Versuch und Berechnung erreicht war. Die Geometrie der von Xu, Reinhardt und Gappoev verwendeten Versuchskörper ist in Bild 4-4 dargestellt.

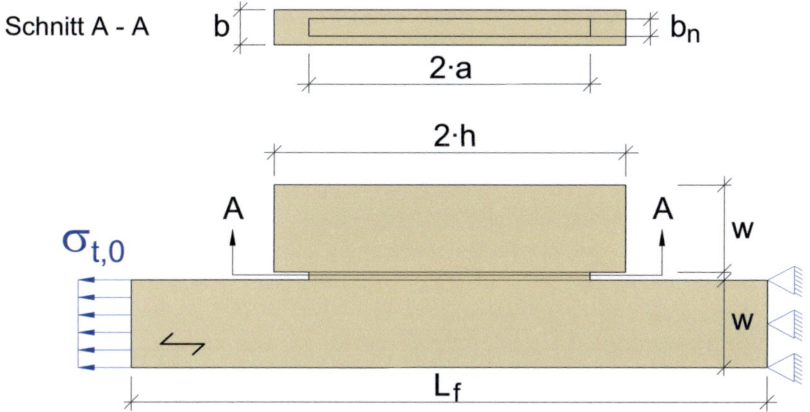

Bild 4-4:   Versuchskörper zur Bestimmung der Bruchenergie im Modus II

Tabelle 4-1   Abmessungen der Versuchskörper in mm

	HRB10-2	HRB10-3	HRB10-4	HRB20-1	HRB20-4k
L_f	725	725	727	738	697
h			200		
w			100		
b	10	10	10	20	20
b_n	10	10	10	20	10
a			160		

Der Versuchskörper wurde aus einem Stück Holz der Holzart Fichte hergestellt. Zwischen dem direkt belasteten längeren Probenteil und dem indirekt belasteten kürzeren Teil ist eine 4 mm breite Nut eingesägt. Der lastfreie Teil der Zugprobe ist damit auf einer Fläche von $2a \cdot b_n$ mit dem belasteten Teil verbunden. Die Versuchskörper wurden bis zum Versagen belastet. Das Versagen war gekennzeichnet durch ein Abtrennen des kürzeren Teils der Probe vom längeren Teil und ein anschließendes Zugversagen im längeren Teil der Probe. Verantwortlich für die Teilung der Probe sind Scherkräfte zwischen dem lastfreien und dem belasteten Teil. Die geometrischen Eigenschaften der fünf durchgeführten Zugversuche sind in Tabelle 4-1 angegeben. Die Länge L_f gibt den Abstand zwischen den Lasteinleitungsstetellen an, die gleichzeitig Messpunkte der Verformung eines Probekörpers in Faserrichtung sind. Am Beispiel des Last-Verformungs-Diagramms der Probe HRB10-2 in Bild 4-5 werden die Ergebnisse sowie deren Ermittlung erläutert.

Das Last-Verformungs-Verhalten der Probe HRB10-2 ist in Bild 4-5 im oberen Diagramm dargestellt. Die Prüfkörper wurden mit der Last P bis zum Zugversagen (P_D) beansprucht. Auf der Abszisse ist die Verformung der Probe δ zwischen einem der beiden Lastangriffspunkte und der Prüfkörpermitte, parallel zur Holzfaserrichtung, angegeben. Im Versuch wurde die Verformung zwischen den beiden Lasteinleitungspunkten gemessen. Die im Diagramm angegebene Verformung δ ergibt sich durch eine Halbierung dieser Messwerte. Der Punkt A im Diagramm kennzeichnet einen Steifigkeitsabfall der Last-Verformungs-Kurve. Die Autoren erklären diesen Steifigkeitsabfall mit der Entstehung von Mikrorissen im Holz. Mit zunehmender Belastung bildete sich bei Punkt B ein Riss, welcher sich von den Enden des genuteten Bereichs zur Mitte hin ausbreitete. Ein weiterer Steifigkeitsabfall der Last-Verformungs-Kurve ist die Folge. Die Trennung des lastfreien Probenteils vom direkt belasteten Teil ist mit C gekennzeichnet. Verbindet man diesen Punkt C mit dem Ursprung der Kurve, kann aus der Steigung dieser Geraden der Elastizitätsmodul parallel zur Faser E_0 der Probe ermittelt werden.

Die Bruchenergie im Modus II $G_{II,F}$ wird aus der Differenz zwischen der Energie der tatsächlichen Probe und der Energie einer äquivalenten Zugprobe ohne den lastfreien Teil der Probe ermittelt. Sie entspricht der Fläche zwischen der Kurve 1 und der Geraden 2 im oberen Diagramm in Bild 4-5. Die Differenz zwischen der Last der Probe und der Last einer äquivalenten Zugprobe ohne den lastfreien Teil ist unten in Bild 4-5, in Abhängigkeit der Verformung parallel zur Holzfaser, aufgetragen. Die Bruchenergie $G_{II,F}$ entspricht der von dieser Kurve und der Abszisse umschlossenen Fläche.

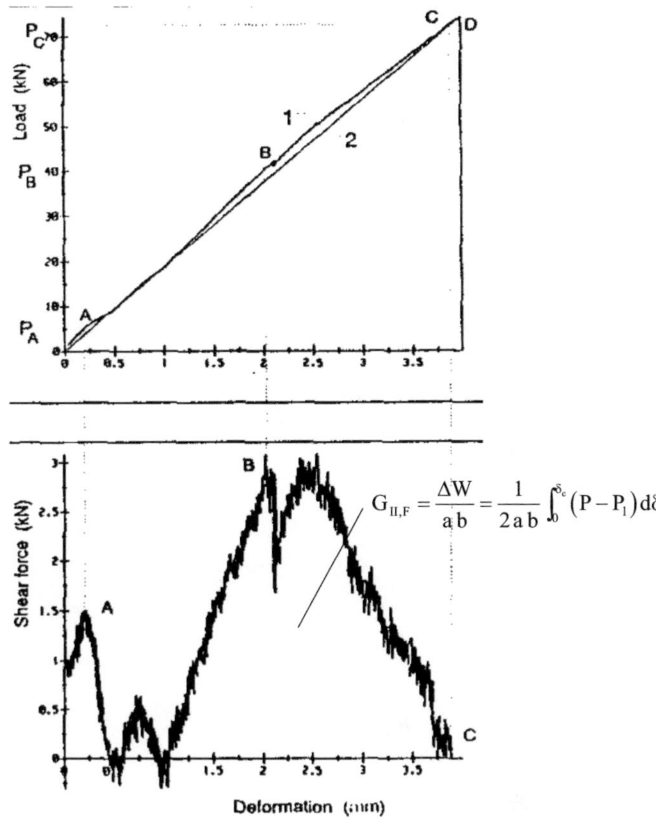

$$G_{II,F} = \frac{\Delta W}{a\,b} = \frac{1}{2\,a\,b} \int_0^{\delta_c} \left(P - P_1 \right) d\delta$$

Bild 4-5:   Last-Verformungsverhalten der Probe HRB10-2

Die detaillierten Ergebnisse aller fünf Versuche sind im Anhang in Tabelle 13-10 zu finden. Die Lasten P mit den dazugehörigen Verformungen parallel zur Faser δ sind für die markanten Punkte B und C angegeben. Aufgrund der bei den fünf Versuchen unterschiedlichen Messlängen der Verformung parallel zur Faser wird zur besseren Vergleichbarkeit die Dehnung ε angegeben. Der kritische Spannungsintensitätsfaktor im Modus II wird mit $K_{II,C}$ bezeichnet. Der Elastizitätsmodul E_0 einer äquivalenten Zugprobe ohne den lastfreien Teil wurde aus den Versuchsergebnissen berechnet.

Zur Kalibrierung der Schubfedern wurden die Mittelwerte der Ergebnisse aus den geometrisch identischen Versuchen HRB10-2, HRB10-3 und HRB10-4, wie in Tabelle 4-2 angegeben, verwendet.

Tabelle 4-2   Ergebnisse der Proben HRB10-2, HRB10-3 und HRB10-4

	$G_{II,F}$	E_0	P_B	P_c	ε_B	ε_C
	Nmm/mm²	N/mm²	kN	kN	-	-
Mittelwert	0,877	10.800	26,48	43,7	0,23%	0,40%
Standardabweichung	0,231	306	1,92	1,45	0,01%	0,02%
Variationskoeffizient	26%	2,8%	7,3%	3,3%	5,6%	4,3%

Diese Proben wurden mit Hilfe der Finite-Elemente-Anwendung ANSYS 10.0 nach-gebildet und berechnet (Bild 4-6). Zwischen dem direkt belasteten und dem lastfreien Teil der Probe wurden nichtlineare Federelemente zur Übertragung der Scherkräfte sowie Kontaktelemente zu Übertragung von Druckkräften in der Fuge angebracht. Der Reibbeiwert der Kontaktelemente wurde mit $\mu = 0$ angesetzt.

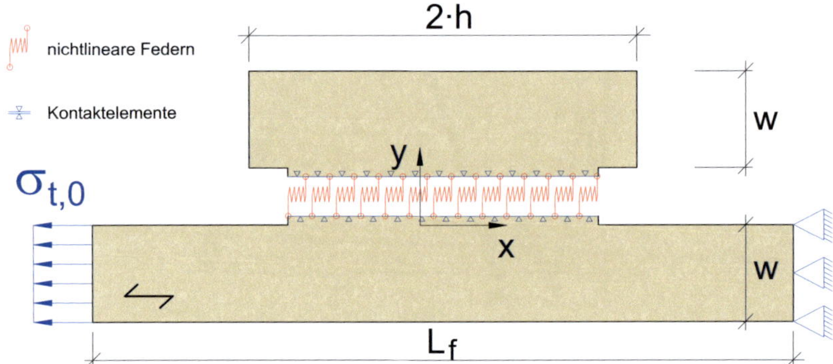

Bild 4-6:   Modell zur Kalibrierung der Federelemente

Die Last-Verformungs-Kurve der nichtlinearen Federelemente wurde so lange vari-iert, bis die Lasten P_B und P_C, die dazugehörigen Verformungen δ_B und δ_C sowie die Bruchenergie $G_{II,F}$ aus der numerischen Berechnung mit den Mittelwerten aus den Versuchen näherungsweise gleich waren. Es wurden zwei unterschiedliche Kurven-ansätze für das Schub-Verformungsverhalten (Bild 4-7) untersucht.

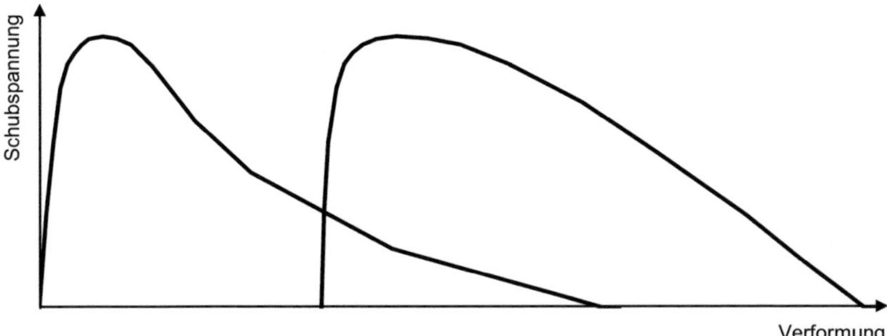

Bild 4-7: Ansätze für das Schub-Verformungs-Verhalten von Holz

Eine gute Übereinstimmung der Berechnungsergebnisse mit den Ergebnissen aus den Versuchen ergibt sich für die in Bild 4-8 dargestellte Last-Verformungskurve für die Beanspruchung auf Schub. Die Schubfestigkeit beträgt f_V = 5,0 N/mm² bei einer zugehörigen Verformung von 0,09 mm. Eine hohe Steifigkeit zeichnet das Last-Verformungsverhalten vor Erreichen der Schubfestigkeit aus. Nach Erreichen der Schubfestigkeit nimmt die Verformung bei sinkender Schubspannung deutlich zu. Bei einer Verformung von 0,64 mm ist schließlich keine Resttragfähigkeit mehr vorhanden.

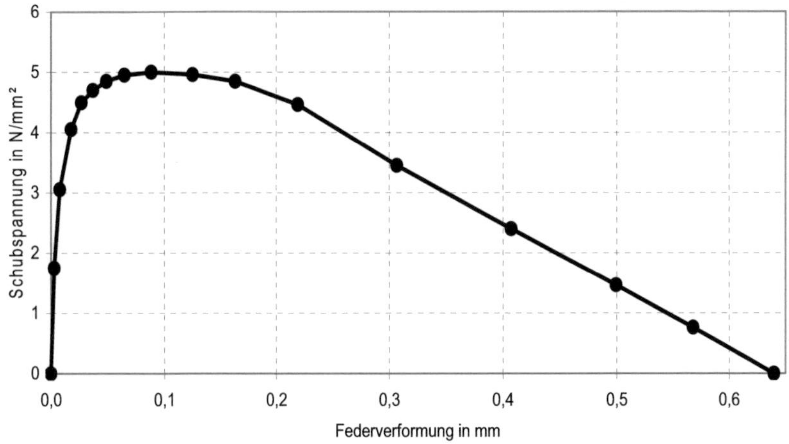

Bild 4-8: Materialgesetz für die Federelemente

Das Materialverhalten des Holzes bei Schubbeanspruchung kann bis kurz nach dem Überschreiten der Schubfestigkeit numerisch gut abgebildet werden. Die Schubfestigkeit des Holzes wird zuerst an den Enden des genuteten Bereichs erreicht. Die Verformungen der Schubfedern steigen hier lokal stark an. Mit der anwachsenden Federverformung verringert sich die übertragbare Schubkraft. Nach Überschreiten der Grenzverformung eines Federelements von 0,64 mm kann durch dieses keine Kraft mehr zwischen den beiden Probekörperteilen übertragen werden. Der Probekörper kann hier als gerissen betrachtet werden. Der Riss breitet sich weiter zur Probenmitte hin aus.

Bei den Versuchen breitete sich nach Erreichen der Schubfestigkeit ein Riss, von den Enden des genuteten Bereichs, zur Mitte der Prüfkörper hin aus, bis der Prüfkörper vollständig durchrissen war. Bei der FE-Simulation kann ein komplettes Durchtrennen der beiden Teile nicht beobachtet werden. Die Dehnungen in Faserrichtung gehen zur Probenmitte hin auf den Wert Null zurück. Die Schubfederverformungen sind mit den Dehnungen des Materials Holz gekoppelt. Ein kompletter Durchriss des Prüfkörpers kann daher im Finite-Elemente-Modell nicht simuliert werden. In Bild 4-9 sind die Schubfederverformung sowie die zugehörige Federkraft für einen angerissenen Zustand des Probekörpers qualitativ dargestellt.

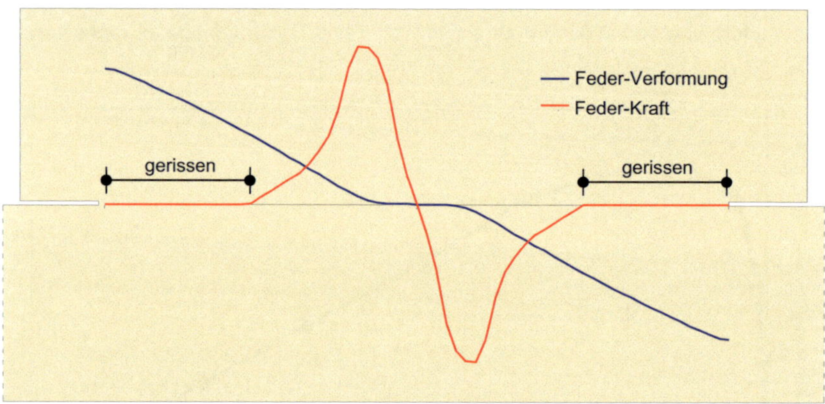

Bild 4-9:   Federverformung aus der FE-Berechnung

Bei der Auswertung der numerischen Ergebnisse wurde die Last-Verformungs-Kurve nach Erreichen einer bestimmten Risstiefe linear bis zu einem Wert der Scherkraft von Null verlängert (Bild 4-10). Zum Vergleich sind die Verläufe der Scherkraft über die Verformung aus den Versuchen schematisch abgebildet. Eine gute Übereinstimmung mit den Versuchsergebnissen ist erkennbar. Die Bruchenergie ergibt sich in der FE-Analyse zu $G_{II,F}$ = 0,85 N/mm und liegt damit im Bereich des experimentell bestimmten Mittelwertes von 0,88 N/mm.

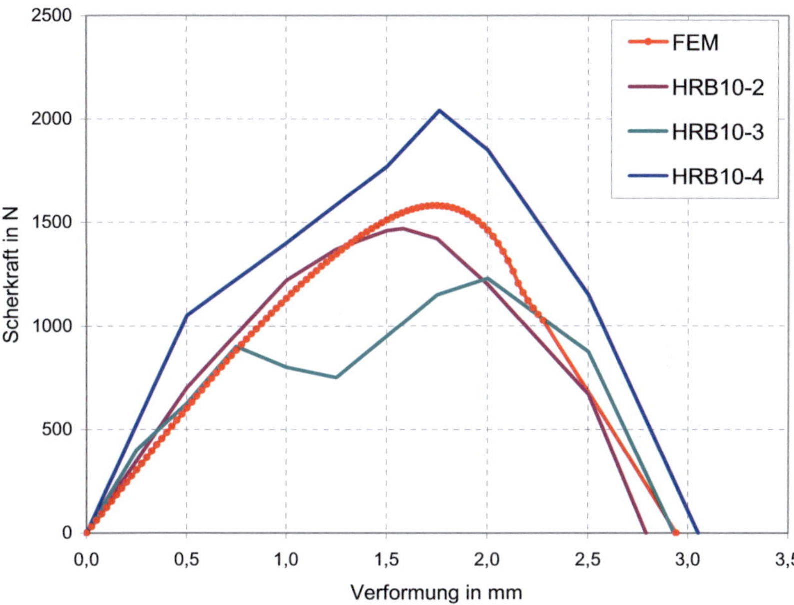

Bild 4-10: Vergleich der Scherkräfte aus Berechnung und Versuchen

4.2 Verbundverhalten der Verstärkungsmittel

Das Verbundverhalten der Verstärkungsmittel wird mit nichtlinearen Federelementen (COMBIN39) modelliert. Den Federelementen werden die Verbundeigenschaften nach Abschnitt 3 zugewiesen. Für Gewindestangen $\varnothing$ 16 mm, unter 45° zur Holzfaserrichtung angeordnet, ergibt sich das Federgesetz nach Bild 4-11. Der Verbund zwischen Holz und Verstärkungsmittel wird als über die gesamte Verankerungslänge konstant angenommen. Der Ausziehwiderstand wird durch die Verankerungslänge des Verstärkungsmittels aus dem Versuch geteilt. Die Last-Verformungsbeziehung kann dadurch für beliebige Verankerungslängen im Modell verwendet werden. Der längenbezogene Ausziehwiderstand beträgt R_{ax} = 231 N/mm bei einer zugehörigen Grenzverformung von δ_{ax} = 2,29 mm. Da die Federelemente das Verbundverhalten zwischen Holz und Verstärkungsmittel nur konzentriert als Kraft zwischen den Elementknoten abbilden, ist der längenbezogene Ausziehwiderstand noch mit den jeweiligen Lasteinzugslängen der an den Knoten anschließenden Elemente der Verstärkungsmittel zu multiplizieren. Der Einfluss der Rohdichte des Holzes auf das Verbundverhalten bleibt bei der Modellierung unberücksichtigt.

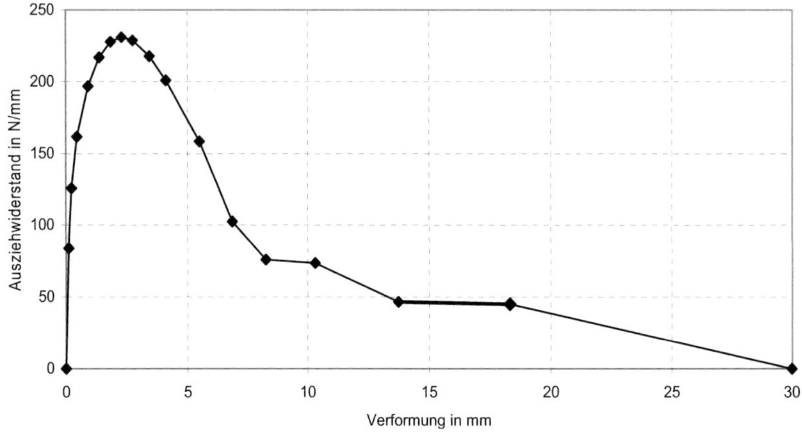

Bild 4-11   Federgesetz für Gewindestangen $\varnothing$ 16 mm

Für die Berechnungen von mit Vollgewindeschrauben $\varnothing$ 8 mm schubverstärkten Trägern wird das Federgesetz nach Bild 4-12 verwendet. Der längenbezogene Ausziehwiderstand beträgt R_{ax} = 153 N/mm bei einer Grenzverformung von δ_{ax} = 0,842 mm. Die einzelnen Wertepaare der Federkurven sind im Anhang 13.2 in Tabelle 13-11 hinterlegt. Das Verbundverhalten nach Überschreiten der Höchstlast ist für die numerische Berechnung schubverstärkter Träger nicht relevant, da das Schubversagen vor Erreichen der Ausziehtragfähigkeit der Verstärkungsmittel eintritt.

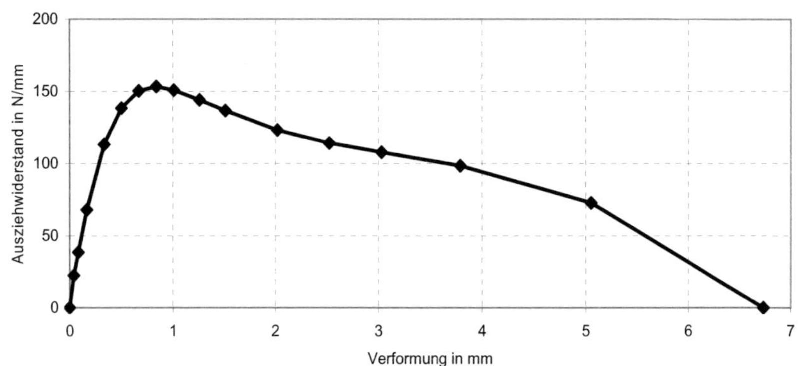

Bild 4-12   Federgesetz für Vollgewindeschrauben $\varnothing$ 8 mm

Durch eine Simulation der durchgeführten Ausziehversuche mit Hilfe der Methode der Finiten Elemente wurde die Gültigkeit der ermittelten Federgesetze überprüft. Für die Simulation wurde ein räumliches FE-Modell verwendet. Die Abmessungen und Messstellen der Verformungen δ_{ax} waren mit den Versuchen identisch. Die berechneten Last-Verformungskurven stimmen mit den Versuchsergebnissen überein. Im Anhang zu diesem Abschnitt sind die Ergebnisse für die verschiedenen Messstellen der Verformung (oben und unten) gegenübergestellt.

Ebenso wie das axiale Verbundverhalten wird auch das Verbundverhalten bei Beanspruchung der Verstärkungsmittel rechtwinklig zu ihrer Achse mit Hilfe nichtlinearer Federelemente nach Gleichung (10) modelliert.

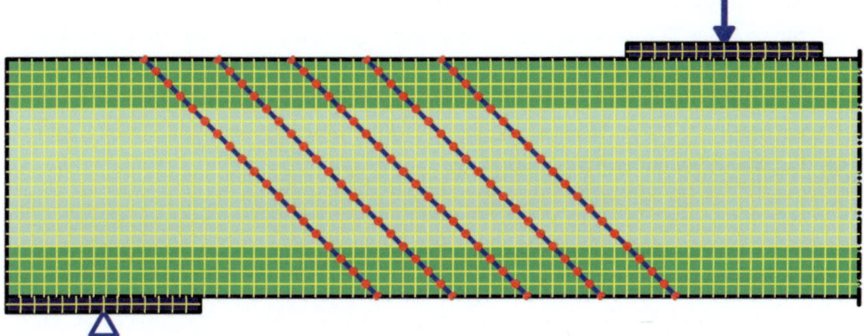

Bild 4-13   Trägermodell mit Verstärkungsmitteln und Federelementen

Aufgrund der Notwendigkeit, dass die Elementknoten von Träger und Verstärkungsmitteln stets auf einem Punkt liegen müssen, ergeben sich Randbedingungen für die Elementgrößen. Für eine gute Modellierung des Verbundverhaltens der Verstärkungselemente sind möglichst kleine Elemente vorteilhaft. Eine Anwendung des Versagenskriteriums der kritischen Elementspannung basierend auf den von Spengler durchgeführten Untersuchungen erfordert hingegen Elementgrößen der Trägerelemente, die den Abmessungen des geprüften Brettmaterials entsprechen. Die Querschnittsabmessungen der von Spengler geprüften Brettelemente mit einer Höhe zwischen 22 und 32 mm und einer Länge von 150 mm können im Modell eines verstärkten Trägers jedoch nicht verwendet werden, da bei einem Winkel zwischen Verstärkungselementen und Trägerlängsachse von 45°, die vertikalen und horizontalen Elementkantenlängen stets gleich groß sein müssen.

4.3 Parameterstudien

Numerische Berechnungen wurden für Einfeldträger unterschiedlicher Abmessungen und Volumen durchgeführt. Bei den Berechnungen ging es zunächst darum, die bestmöglichen Verstärkungskonfigurationen für die durchzuführenden Bauteilversuche zu bestimmen. Die Wahl der Querschnittsformen und Trägerabmessungen richtete sich nach der Vorgabe, im Versuch auch bei hoher Schubtragfähigkeitssteigerung durch eine Verstärkungsmaßnahme noch ein Schubversagen zu erreichen, also eine ausreichende Sicherheit gegen Biegeversagen zu gewährleisten. In Anlehnung an die in Abschnitt 2.2 vorgestellten Versuche von Schickhofer und Pischl wurden erste numerische Untersuchungen an dem in Bild 4-14 dargestellten Träger durchgeführt. Der Querschnittsaufbau mit breiten Flanschen erhöht die Biegetragfähigkeit des Trägers. Die Trägerhöhe beträgt 608 mm, die Stegbreite 100 mm. Die Trägerlänge beträgt beim Träger mit konstanter Querkraft 4,40 m, die Länge des beanspruchten Bereichs zwischen den Schwerpunkten der Lasteinleitungsstelle und dem Auflager beträgt 1,60 m. Beim Einfeldträger unter einer konstanten Streckenlast beträgt die Spannweite des Trägers 6,50 m.

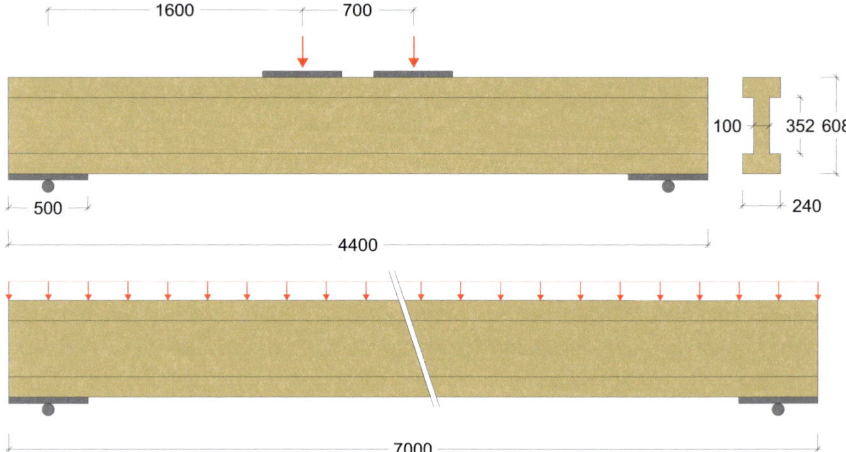

Bild 4-14   608 mm hoher Stegträger, Abmessungen in mm

Als Verstärkungselemente für die 608 mm hohen Träger wurden Gewindestangen $\varnothing$ 16 mm verwendet. Neben den Trägern mit der Höhe 608 mm wurden Berechnungen mit 200 mm und 1216 mm hohen verstärkten Trägern durchgeführt. Diese Träger besitzen ebenso einen optimierten Querschnittsaufbau zur Erhöhung der Biegetragfähigkeit. Die 200 mm hohen Träger mit einer Stegbreite von 60 mm wurden mit Vollgewindeschrauben $\varnothing$ 8 mm verstärkt, die 1216 mm hohen Träger, Stegbreite 100 mm, mit Gewindestangen $\varnothing$ 16 mm. Für den Fall einer Beanspruchung durch eine konstante Querkraft sind die Träger mitsamt den Abmessungen in Bild 4-15 dargestellt. Außerdem wurden für den 200 mm hohen Träger Verstärkungsmöglichkeiten bei einer Beanspruchung durch eine Gleichstreckenlast untersucht.

Bei den Berechnungen wurden verschiedene Verstärkungsmittelanordnungen durch die Variation der Verstärkungsmittelabstände vom Hirnholzende und untereinander simuliert. Die Verstärkungselemente wurden derart angeordnet, dass sie ausschließlich durch axiale Zugkräfte beansprucht werden. Der Winkel zwischen Verstärkungsmittel- und Trägerachse betrug immer 45°. Die Elementgrößen der Trägerelemente wurden entsprechend der Randbedingungen aus den Trägerabmessungen gewählt.

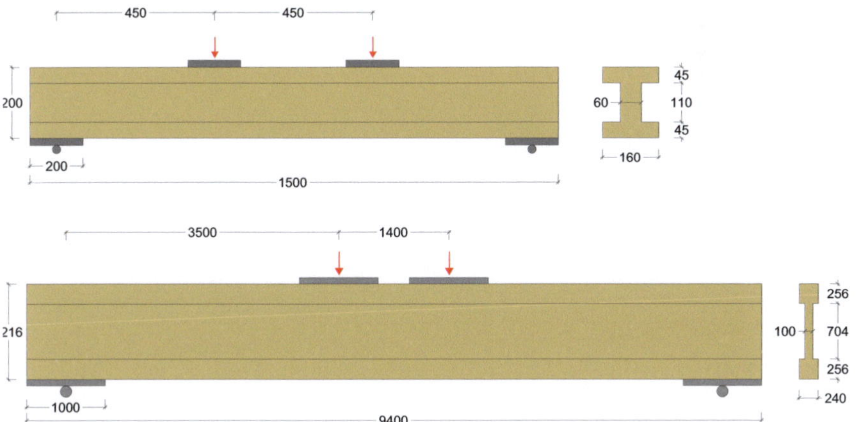

Bild 4-15   200 mm und 1216 mm hohe Stegträger, Abmessungen in mm

Tabelle 4-3   Modelleigenschaften

Höhe in mm	Trägerlänge in mm		Verstärkungsmittel	Elementgröße in mm²
	Einzellast	Streckenlast		
200	1500	2400	VG $\varnothing$ 8 mm	5 x 5
608	4400	7000	GS $\varnothing$ 16 mm	16 x 16
1216	9400	-	GS $\varnothing$ 16 mm	32 x 32

Zu Beginn der Untersuchungen wurden Berechnungen an 608 mm hohen Trägern mit dem numerischen Modell durchgeführt, welches das Versagen des Trägers durch Schubbruch abbildet. Entsprechend der Berechnungsergebnisse wurden Versuche mit drei unterschiedlichen Verstärkungskonfigurationen, darunter auch Verstärkungen mit druckbeanspruchten Verstärkungselementen, geplant und durchgeführt. Die Ergebnisse der Berechnungen werden hier jedoch nicht vorgestellt, da sich das Modell als nicht geeignet zur Vorhersage der Tragfähigkeiten schubverstärkter Träger herausgestellt hat. In Abschnitt 7 werden die Ergebnisse aus den durchgeführten Versuchen mit den Berechnungsergebnissen vergleichen. Die mit dem Modell „Schubbruch" berechneten Tragfähigkeitssteigerungen sind dort für die entsprechenden Versuche angegeben.

5   Ergebnisse der numerischen Berechnungen

Insgesamt wurden über 4870 Berechnungen von mit geneigt angeordneten zugbeanspruchten Verstärkungsmitteln schubverstärkten Trägern ausgewertet, um die optimale Verstärkungskonfiguration in Abhängigkeit der Trägerabmessungen, der Art der Beanspruchung und der Anzahl der Verstärkungselemente zu ermitteln. Für eine bestimmte Verstärkungsmittelanzahl je Trägerseite wurde stets deren optimale Anordnung bestimmt. Eine Verstärkungskonfiguration wird durch die Anzahl der Verstärkungsmittel n_{VM}, die Länge der Verstärkungsmittelgruppe ℓ_1 sowie den Abstand des Schwerpunktes der Verbindungsmittelgruppe vom Auflagerschwerpunkt a_S beschrieben.

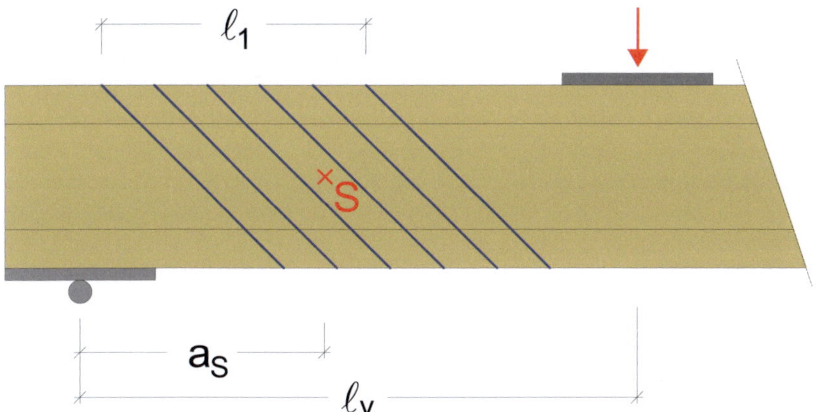

Bild 5-1   Definition der Abstände einer Verbindungsmittelgruppe

Aufgrund der unterschiedlichen Trägervolumen werden die Abstände a_S und ℓ_1 in Abhängigkeit der jeweiligen Trägergeometrie und der Verstärkungsmittelanzahl ausgedrückt. Beim durch eine konstante Querkraft beanspruchten Einfeldträger werden die Abstände auf den durch die Querkraft beanspruchten Bereich ℓ_V zwischen den Lasteinleitungsstellen bezogen. Bei den Trägern mit veränderlicher Querkraft werden die Abstände a_S und ℓ_1 auf den Abstand ℓ_{ef} zwischen den Schwerpunkten der beiden Auflager an den Trägerenden bezogen.

Die berechneten Tragfähigkeitssteigerungen im Vergleich zur Tragfähigkeit unverstärkter Träger sind in Bild 5-2 für unterschiedliche Trägerabmessungen und Beanspruchungen, Einzellast (EL) und Streckenlast (SL), in Abhängigkeit der Anzahl der Verstärkungsmittel je Trägerseite angegebnen. Die Anzahl der Verstärkungselemente einer Verstärkungsmittelgruppe beeinflusst maßgebend die berechnete Schubtragfähigkeitssteigerung. Ab einer gewissen Verstärkungsmitteldichte können durch die

Anordnung weiterer Verstärkungsmittel jedoch keine Tragfähigkeitssteigerungen mehr festgestellt werden. Offensichtlich werden bei den Trägern mit einer Höhe von 200 mm lediglich vergleichsweise geringe Schubtragfähigkeitssteigerungen von etwa 20% erreicht. Deutlich größere Steigerungen der Schubtragfähigkeit sind bei höheren Trägern möglich. Die axiale Verbundsteifigkeit der Verstärkungselemente ist von der Verankerungslänge im Holz abhängig. Die axiale Beanspruchung der Verstärkungselemente ist daher bei kleinen Trägerhöhen vergleichsweise gering. Die Erhöhung der Schubfestigkeit des Holzes im verstärkten Bereich fällt aufgrund der geringen Querdruckspannungen im Holz, die durch die Verstärkungselemente erzeugt wird, im Vergleich zu hohen Trägern deutlich geringer aus.

Bei der Auswertung wurden nur Verstärkungskonfigurationen berücksichtigt, bei denen die Mindestabstände der Verstärkungsmittel untereinander eingehalten wurden. Bei den mit Vollgewindeschrauben verstärkten 200 mm hohen Trägern wurden die größten Tragfähigkeitssteigerungen allesamt für Schraubenabstände erreicht, die unterhalb der Mindestabstände für Vollgewindeschrauben liegen. Für die Auswertung wurden daher nur Verstärkungskonfigurationen mit einem Abstand der Verstärkungsmittel in Faserrichtung des Holzes von 60 mm berücksichtigt. Ansonsten wurden die Mindestabstände für alle maßgebenden Verstärkungskonfigurationen eingehalten.

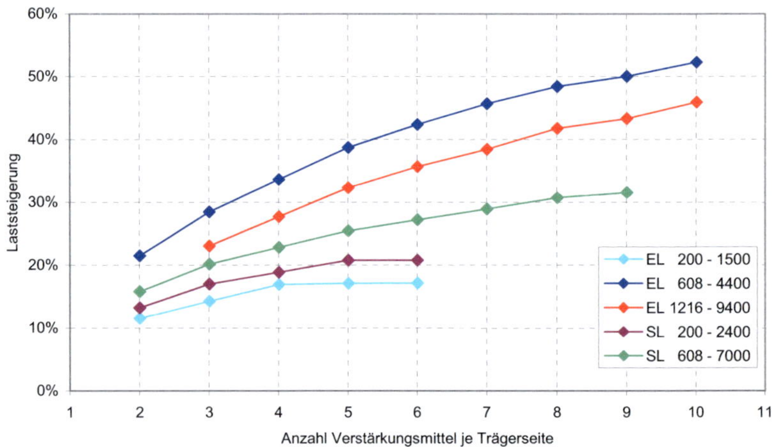

Bild 5-2　　Traglaststeigerungen in Abhängigkeit der Verstärkungsmittelanzahl

Die in Bild 5-2 angegebenen Tragfähigkeitssteigerungen sind einer optimalen Verstärkungskonfiguration aus der jeweiligen Anzahl der Verstärkungsmittel je Trägerseite zugeordnet. Die Lage einer Verstärkungsmittelgruppe wird durch den Abstand a_S des Schwerpunktes einer Verstärkungsmittelgruppe vom Auflagerschwerpunkt bestimmt. Bei Trägern, die durch eine konstante Querkraft zwischen zwei Lasteinleitungsstellen beansprucht werden, liegt der Schwerpunkt in der Mitte zwischen den beiden Lasteinleitungsstellen.

Bei einer Beanspruchung durch eine Gleichstreckenlast liegt der Abstand a_S des Schwerpunktes der Verstärkungsmittelgruppe zum Auflagerschwerpunkt bei den untersuchten Trägern zwischen 8% und 12% der Trägerspannweite ℓ_{ef}.

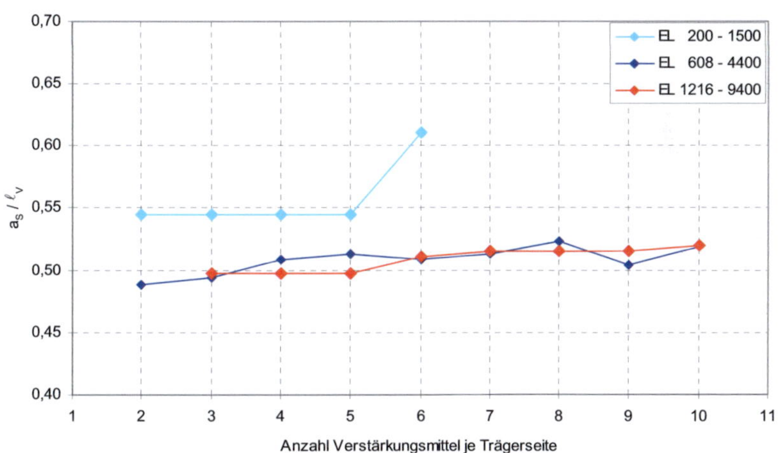

Bild 5-3   Abstand des Schwerpunktes einer Verstärkungsmittelgruppe vom Auflager bei konstanter Querkraft

Die Länge ℓ_1 des verstärkten Bereichs zwischen den beiden äußeren Verstärkungsmitteln einer Gruppe in Richtung der Trägerlängsachse bezogen auf den Abstand ℓ_V zwischen den Lasteinleitungsstellen bei einer Beanspruchung durch eine konstante Querkraft ist in Bild 5-5 dargestellt. Der Verlauf der Kurve für die den 200 mm hohen Träger ist durch die konstanten Verstärkungsmittelabstände von 60 mm in Faserrichtung bestimmt. Bei den beiden anderen Verstärkungskonfigurationen verringern sich die Verstärkungsmittelabstände mit zunehmender Verstärkungsmittelanzahl. Die wenigen durchgeführten Parameterstudien lassen noch keinen klaren Zusammenhang zwischen der Trägergeometrie und der Länge des zu verstärkenden Bereiches zu.

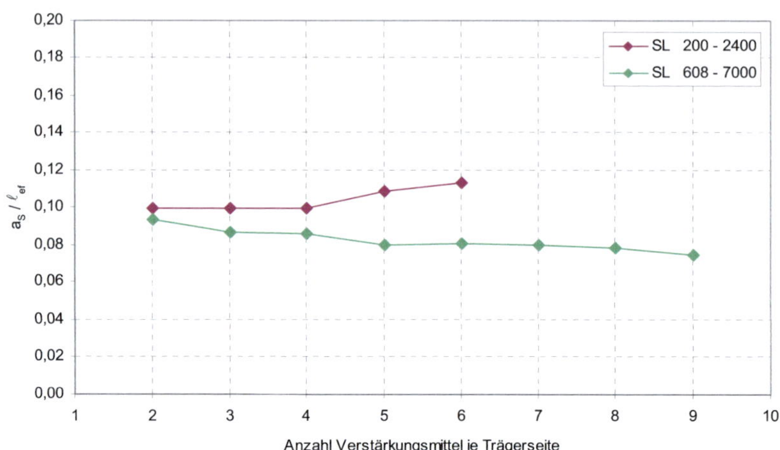

Bild 5-4   Abstand des Schwerpunktes einer Verstärkungsmittelgruppe vom Auflager bei veränderlicher Querkraft

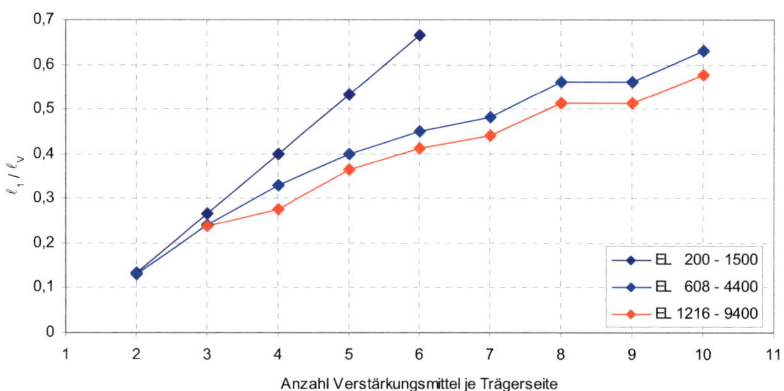

Bild 5-5   Länge des verstärkten Bereichs bei konstanter Querkraft

Bei einer Beanspruchung durch eine Gleichstreckenlast ist für den 200 mm hohen Träger aufgrund der konstanten Abstände der Verstärkungselemente untereinander wieder ein linearer Zusammenhang zwischen der Länge des verstärkten Bereichs und der Trägerspannweite gegeben. Beim 608 mm hohen Träger verringert sich der

Abstand der Verstärkungselemente untereinander mit zunehmender Verstärkungs-mittelanzahl. Die Kurve nähert sich einem Grenzwert für ℓ_1 von 12% der Spannweite.

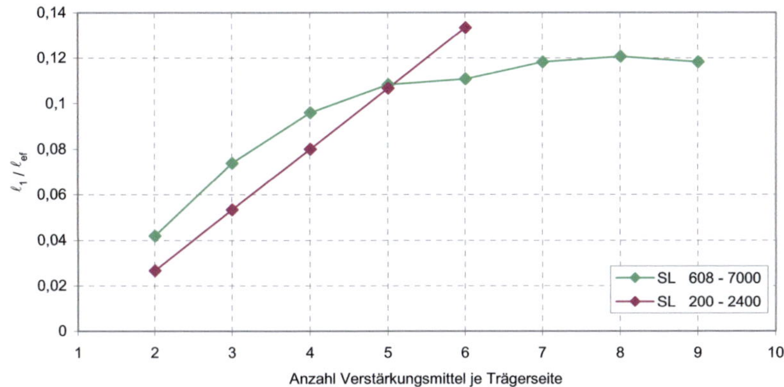

Bild 5-6   Länge des verstärkten Bereichs bei veränderlicher Querkraft

Verstärkungskonfigurationen mit rechtwinklig zur Trägerachse angeordneten Ver-stärkungselementen bewirken keine Schubtragfähigkeitssteigerungen. Aufgrund der vergleichsweise geringen Verbundsteifigkeit der Verstärkungselemente bei einer Be-anspruchung rechtwinklig zu ihrer Achse werden die Verstärkungselemente mecha-nisch kaum beansprucht. Eine Schubfestigkeitssteigerung infolge einer Querdruck-beanspruchung im schubbeanspruchten Bereich kann dadurch nicht erzeugt werden. Geneigt angeordnete druckbeanspruchte Verstärkungsmittel bewirken zwar eine me-chanische Verstärkung durch Entlastung des schubbeanspruchten Bereichs, jedoch werden infolge der Vertikalkomponente der axialen Druckkraft im Holz Querzugspan-nungen erzeugt. Die Schubfestigkeitsminderung durch die Querzugspannung zehrt den mechanischen Anteil der Tragfähigkeitssteigerung wieder auf, so dass in der Summe keine Tragfähigkeitssteigerung oder sogar eine Verminderung der Tragfä-higkeit erreicht wird. Eine mögliche Verstärkungsvariante mit gekreuzt angeordneten Schrauben ist wegen der ungünstigen Wirkung der druckbeanspruchten Schrauben ungeeignet, die Tragfähigkeit schubbeanspruchter Träger zu erhöhen.

Der Einfluss der Trägerbreite auf die Tragfähigkeitssteigerungen schubverstärkter Träger im Rechenmodell wird Anhand einer Verstärkungskonfigurationen des 608 mm hohen Einfeldträgers unter konstanter Querkraft untersucht. Für Trägerbrei-ten zwischen 100 mm und 200 mm mit einer Schrittweite von 20 mm wurden sowohl für unverstärkte Träger, als auch für einen mit vier Verstärkungsmitteln je Trägerseite verstärkten Träger die Änderungen der Schubtragfähigkeiten berechnet. Die übrigen Querschnittsabmessungen bleiben unverändert.

Tabelle 5-1   Einfluss der Trägerbreite auf die Schubfestigkeit im Modell

Breite	$f_{v, \text{unverstärkt}}$ N/mm²	$f_{v, \text{verstärkt}}$ N/mm²	Laststeigerung
100	4,37	5,83	34%
120	4,34	5,68	31%
140	4,30	5,50	28%
160	4,28	5,36	25%
180	4,26	5,25	23%
200	4,25	5,14	21%

Der Einfluss der Breite auf die Schubfestigkeit des unverstärkten Trägers ist vergleichsweise gering. Beim betrachteten verstärkten Träger wirkt sich die Trägerbreite deutlich negativ auf die Schubtragfähigkeit aus. Die Laststeigerung durch die Verstärkung verringert sich von 34% bei einer Breite von 100 mm auf 21% bei 200 mm Breite. Bei ausreichender Trägerbreite zur Einhaltung der Mindestabstände der Verstärkungsmittel rechtwinklig zur Faserrichtung ist eine mehrreihige Anordnung der Verstärkungsmittel möglich. Die Schubtragfähigkeit kann dadurch bei ausreichenden Bauteilbreiten wieder gesteigert werden. Eine Einschätzung des Breiteneinflusses auf die Schubtragfähigkeit mit dem verwendeten ebenen Scheibenelement ist möglich, da das Element Dickeneingaben berücksichtigt. Eine räumliche Modellierung zweier rechtwinklig zur Faserrichtung nebeneinander liegender Verstärkungsmittelreihen ist jedoch nicht möglich.

Aufgrund der geringen Anzahl berechneter Tragfähigkeiten schubverstärkter Träger unterschiedlicher Abmessungen ist eine Aussage zu einem allgemeingültigen Bemessungsansatz noch nicht möglich. Weitere Berechnungen schubverstärkter Träger sind notwendig, um zuverlässige Abschätzungen der Schubtragfähigkeiten beliebiger verstärkter Träger treffen zu können. Die Berücksichtigung streuender Schubfestigkeiten in einem Träger bei der Berechnung kann in einem weitern Schritt statistisch verteilte Tragfähigkeiten für einzelne Verstärkungskonfigurationen liefern. Auf deren Grundlage kann dann ein charakteristischer Wert der Tragfähigkeit bestimmt werden.

6 Versuche mit schubverstärkten Trägern

Um bei Bauteilversuchen ein Schubversagen der Prüfkörper zu erreichen, bestehen, wie in Abschnitt 2.2 bereits erläutert, besonders bei schubverstärkten Trägern mit höherer Tragfähigkeit besondere Anforderungen an die Prüfkörper. Eine optimierte Querschnittsform des Trägers und geringe Biegemomente erhöhen den Widerstand gegen Biegeversagen. Durch die Verwendung von Brettschichtholz einer hohen Festigkeitsklasse wird ein möglichst großes Verhältnis von Biegefestigkeit zu Schubfestigkeit erreicht. Mit Hilfe dieser Maßnahmen konnte bei den von Schickhofer und Pischl durchgeführten Versuchen bei den Festigkeitsklassen GL32 und GL36 durchgängig ein Schubversagen der geprüften Träger erreicht werden. Bei schubverstärkten Trägern verringert sich der Spielraum zwischen Schub- und Biegeversagen mit zunehmender Schubtragfähigkeitssteigerung durch die Verstärkung.

Insgesamt wurden zwei Versuchsreihen mit Einfeldträgern unterschiedlicher Abmessungen durchgeführt. Für die erste Versuchsreihe wurden Träger aus Brettschichtholz der Festigkeitsklasse GL36h hergestellt. Der Querschnittsaufbau und die Abmessungen der Träger wurden in Anlehnung an die von Schickhofer und Pischl untersuchten Einfeldträger festgelegt. Die Brettschichtholzträger bestehen aus einem mit den beiden Flanschen blockverklebten Steg. Die Gesamtträgerhöhe beträgt 608 mm, die Trägerlänge 4,40 m. Die Träger wurden aus durchgehenden Lamellen ohne Keilzinkung hergestellt. Anstelle einer Belastung des Einfeldträgers durch eine Einzellast in Feldmitte wurde eine Versuchskonfiguration mit einer Vier-Punkt-Belastung gewählt. Für die zweite Versuchsreihe wurden ebenfalls formoptimierte Brettschichtholzträger mit einer Trägerhöhe von 200 mm bei einer Trägerlänge von 1,50 m verwendet. Im Gegensatz zu den Trägern der Versuchsreihe 1 wurde die Querschnittsform der Träger durch eine fräsende Bearbeitung aus einem Vollquerschnitt hergestellt. Die Ausrundung am Übergang zwischen den Gurten und dem Steg mit einem Ausrundungsradius von 15 mm sollen Spannungsspitzen in diesem Bereich reduzieren.

Tabelle 6-1   Eigenschaften der Versuchsreihen, Abmessungen in mm

Abmessungen	Versuchsreihe 1	Versuchsreihe 2
Festigkeitsklasse	GL36h	GL32h
Trägerhöhe	608	200
Trägerlänge	4400	1500
Länge zwischen Lasteinleitungsstellen	1600	450
Stegbreite	100	60

Versuchsreihe 1

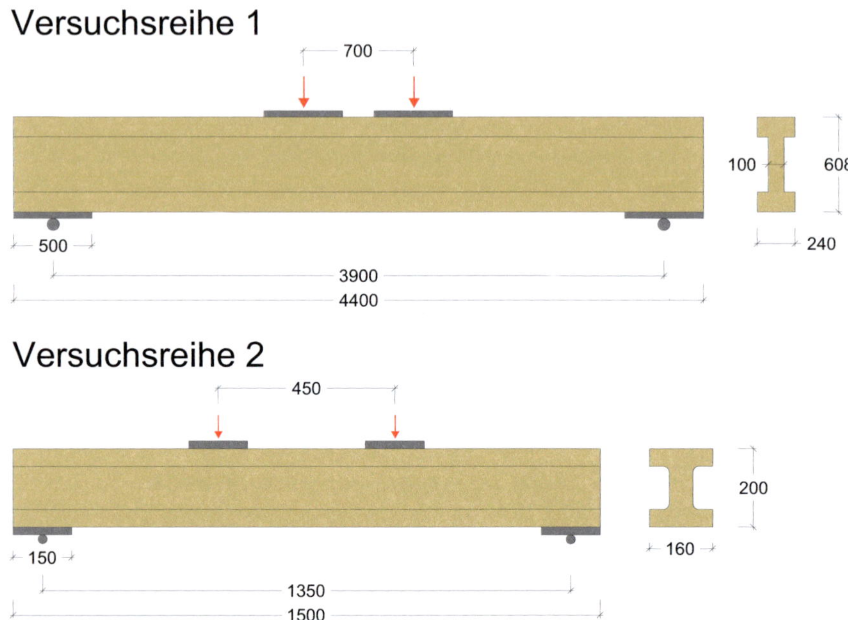

Versuchsreihe 2

Bild 6-1   Prüfkörpergeometrien, Maße in mm

Versuchsreihe 1   Versuchsreihe 2

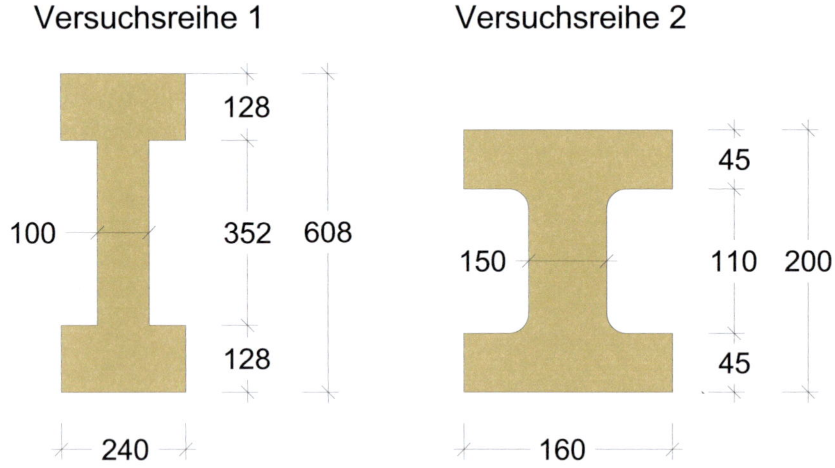

Bild 6-2   Querschnittsabmessungen, Maße in mm

Zur Verstärkung der Träger wurden in der Versuchsreihe 1 Gewindestangen $\varnothing$ 16 mm in vorgebohrten Löchern mit einem Bohrlochdurchmesser von 12,5 mm verwendet. Die Träger der Versuchsreihe 2 wurden mit selbstbohrenden Vollgewindeschrauben $\varnothing$ 8 mm verstärkt. Die Verstärkungsmittel wurden unter einem Winkel von 45° zur Trägerlängsachse angeordnet. Um ein Aufspalten des Untergurtes über den Endauflagern aufgrund von Querzugspannungen durch Hineindrücken des Steges in den Untergurt zu verhindern, wurde dieser mit Vollgewindeschrauben bewehrt.

Zum Vergleich der Wirksamkeit einer Verstärkungskonfiguration wurden für jede Versuchsreihe neben den verstärkten Trägern auch unverstärkte Träger geprüft. Sofern die unverstärkt geprüften Träger im Hinblick auf den Schädigungszustand geeignet waren, wurden diese saniert und anschließend erneut geprüft, um die Wirksamkeit der Sanierungsmaßnahme beurteilen zu können.

Die Belastung wurde verformungsgesteuert aufgebracht. Gemessen wurden die globale Mittendurchbiegung des Trägers sowie die Kolbenlast. Aus der Kolbenlast wird die Schubfestigkeit nach der technischen Biegelehre berechnet. Der dynamische Elastizitätsmodul wurde durch Messung der Frequenz bei einer Längsschwingung bestimmt.

Das Versagen der Träger im Versuch war bestimmt durch Schub- und Biegeversagen. Bei einigen Versuchen traten auch mehrere nacheinander folgende Schubversagen der Träger auf. Teilweise konnte die Belastung der verstärkten Träger nach einem ersten Schubversagen noch gesteigert werden. In der Versuchsauswertung werden daher die Schubspannungen nach dem ersten Versagen und die maximal erreichten Schubspannungen angegeben, falls eine weitere Tragfähigkeitssteigerung nach dem Primärversagen noch möglich war. Im Falle eines Biegeversagens wird die Schubspannung bei Erreichen der Traglast berechnet.

6.1 Anbringen der Verstärkungselemente

Auf eine präzise Lage der Verstärkungselemente wurde bei deren Anbringung geachtet. Bei großen Verankerungslängen besteht die Gefahr des Verlaufens des Bohrers beim Vorbohren für Gewindestangen oder beim Einschrauben von selbstbohrenden Holzschrauben. Zur Minimierung der Lageabweichung der Verstärkungselemente von der Sollachse wurden die selbstbohrenden Vollgewindeschrauben der Versuchsreihe 2 mit Hilfe einer hölzernen Einschraubschablone, mit einem Lochdurchmesser, der dem Gewindedurchmesser der Schraube entspricht, zur Führung der Schraube eingedreht. Aufgrund der mit 282 mm vergleichsweise geringen Einschraublänge der Verstärkungsmittel in der Versuchsreihe 2 sind die Abweichungen der Lage der Schraubenspitze von der Sollachse gering.

Vor der Herstellung der Bohrlöcher für die Gewindestangen der ersten Versuchsreihe wurden Untersuchungen zur Präzision zweier verschiedener Bohrverfahren durchgeführt. Bei einem Verfahren wurde mit Hilfe eines Bohrständers eine, je nach Bohrerlänge, etwa 20 cm lange Pilotbohrung im Holz hergestellt. Mit Hilfe eines verlängerten Schalungsbohrers wurde anschließend die Bohrung vollendet. Dabei muss der Schalungsbohrer zu Beförderung des Bohrgutes aus dem Bohrloch heraus immer wieder im Bohrloch hin und her bewegt werden. Dies kann zu einer Aufweitung des Bohrloches und damit zu einer Verschlechterung des Verbundverhaltens der Gewindestange im Bohrloch nach dem Einschrauben führen. Den angestrebten Einschraubwinkel von 45° zur Faserrichtung zu erreichen war schwierig, da der Bohrständer beim Absenken seine Neigung veränderte. Die Ergebnisse der Bohrversuche waren im Hinblick auf die Präzision noch akzeptabel. Das Bohren der Löcher mit Hilfe eines speziellen Bohrsystems zur Herstellung tiefer Bohrlöcher lieferte jedoch eine höhere Genauigkeit. Das Bohrsystem besteht aus einem langen, durch zwei Hülsen entlang einer Schiene präzise geführten Fräskopfbohrer. Mit Hilfe von Druckluft, die durch das Bohrgestänge geleitet wird, werden die Bohrspäne durch eine Kerbe im Bohrgestänge aus dem Bohrloch ausgeblasen. Angetrieben wird das System mit einer üblichen Bohrmaschine. Aufgrund der zu geringen Länge der vom Hersteller des Systems angebotenen Führungsschiene konnte der 1,50 m lange Bohrer nicht an seinem Ende durch die Führungshülsen gehalten werden. Die für diese Art des Bohrens notwendigen hohen Umdrehungszahlen des Bohrers führten zu starken Schwingungen am Ende des Bohrers, die ein Bohren unmöglich machten. Eine Modifizierung des Systems konnte dessen Gebrauchstauglichkeit stark verbessern. Eine längere Führungsschiene ermöglicht die Führung des Bohrers an dessen Ende und verhindert dadurch die starken Schwingungen am Bohrerende. Eine zusätzliche dritte Führung des Bohrers reduziert zusätzlich die Schwingungen des Bohrers im Mittelbereich. Eine Stützung der Führungsschiene an deren freiem Ende verhindert eine Absenkung und dadurch eine Verbiegung des Bohrers. Durch diese Maßnahmen konnten die Genauigkeit der Bohrungen und die Gebrauchstauglichkeit stark verbessert werden. Die Bohraustrittslöcher einer Serie von Bohrungen sind in Bild 6-4 dargestellt. Die Schnittpunkte der roten Linie mit den vertikalen Strichen markieren die Sollstelle des Bohrlochaustritts. Bei einer Bohrlochlänge von 0,86 m unter 45° zur Faserrichtung betrugen die maximalen Abweichungen etwa einen Zentimeter.

Bild 6-3   Modifiziertes Bohrsystem

Bild 6-4   Bohraustrittslöcher

Die Bohrungen für die Gewindestangen wurden mit einem Durchmesser von 12,5 mm ausgeführt. Zur Reduzierung des Einschraubwiderstandes wurden die Bohrlochwandungen vor dem Einschrauben mit Fett präpariert. Einschraubversuche von Gewindestangen ohne eine Schmierung der Bohrlöcher mit Fett führten teilweise zum Versagen der Gewindestangen durch Erreichen des Bruchdrehmomentes.

Bild 6-5   Mit Gewindestangen schubverstärkter Träger

6.2 Ergebnisse der Versuchsreihe 1

Insgesamt standen für die erste Versuchsreihe 25 Brettschichtholzträger zur Verfügung. Zehn Träger wurden in unverstärktem Zustand geprüft. Neun dieser Träger waren nach der ersten Prüfung noch für eine Sanierung geeignet. Basierend auf Berechnungsergebnissen mit dem Versagensmodell Schubbruch wurden drei Verstärkungskonfigurationen geprüft (Z6-16-240, Z9-16-160 und D9-624-160). Des Weiteren wurden zwei der mit dem Rechenmodell der Elementspannungen entwickelten Verstärkungsvarianten geprüft (Z3-528-208 und Z4-496-176). Die Verstärkungskonfigurationen wurden unter dem Gesichtspunkt einer deutlichen Schubtragfähigkeitssteigerung im Vergleich zur Schubtragfähigkeit eines unverstärkten Trägers sowie eines effizienten Einsatzes der Verstärkungselemente ausgewählt.

Die Versuchsbezeichnungen der verstärkten Träger richten sich nach den wesentlichen Abmessungen zur Beschreibung der Lage der Verstärkungsmittel. Der erste Buchstabe der Bezeichnung der Versuchsserien gibt an, ob die Verstärkungselemente auf Zug (Z) oder Druck (D) beansprucht werden. Der nachfolgende Zahlenwert bezeichnet den Abstand a_r des äußersten Verstärkungsmittels zum Hirnholzende, an der Trägeroberkante gemessen. Der letzte Wert beschreibt den Abstand a_1 der Verstärkungselemente untereinander in Faserrichtung.

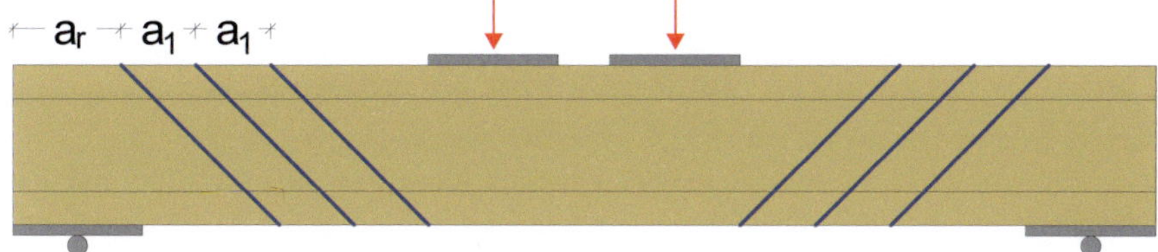

Bild 6-6   Definition der Abstande a_r und a_1

Bei allen geprüften unverstärkten Trägern trat Schubversagen ein. Die mittlere Rohdichte der Träger lag bei 494 kg/m³, die mittlere Holzfeuchte bei 10,5%. Der Mittelwert der Schubfestigkeit liegt mit 4,35 N/mm² deutlich über dem Wert der von Schickhofer und Pischl geprüften Träger von 3,84 N/mm². Die Schubfestigkeiten f_v wurden aus der maximalen Kolbenlast anhand der technischen Biegelehre berechnet. Die Schub-Verformungskurven der Versuche sind im Anhang zu diesem Abschnitt zu finden.

Tabelle 6-2   Ergebnisse der Versuche mit unverstärkten Trägern

Versuch	Rohdichte kg/m³	E_{dyn} N/mm²	f_v N/mm²	Versagen
U1	517	-	4,48	Schub
U2	504	15.900	4,33	Schub
U3	486	15.400	4,70	Schub
U4	486	16.500	4,14	Schub
U5	492	16.000	4,20	Schub
U6	496	16.100	4,73	Schub
U7	482	15.200	5,48	Schub
U8	499	16.200	3,81	Schub
U9	489	15.700	3,48	Schub
U10	487	16.100	4,10	Schub
MW	494	15.900	4,35	
COV	2,1%	2,6%	12,7%	

Schubversagen trat meist im Übergangsbereich zwischen Gurten und Steg auf. Der scharfe Übergang zwischen den Querschnittsteilen kann lokale Spannungsspitzen bewirken, die zu einem Schubversagen und dadurch zu geringeren Tragfähigkeiten führen können. Da die Schubbruchfläche häufig im Bereich der Klebefuge der blockverklebten Querschnittsteile auftrat, kann auch die Qualität der Klebefuge eine nachteilige Auswirkung auf die lokale Schubfestigkeit in diesem Bereich haben. Eine durchgängige Schubbruchfläche in der Klebefuge zuwischen Steg und Gurt über die gesamte Länge des Schubbruches wurde jedoch nicht festgestellt. Die Schubbruchflächen traten überwiegend zwischen den Holzfasern auf.

Bild 6-7   Versuch U10 nach Schubversagen

Die ersten drei Versuchsserien wurden mit Verstärkungskonfigurationen, die nach dem Rechenmodell mit dem Versagenskriterium Schubbruch ermittelt wurden, durchgeführt. Bei den beiden Verstärkungsvarianten mit zugbeanspruchten Verstärkungselementen wurden drei Versuche mit sechs (Z6-16-240) und vier Versuche mit neun Verstärkungselementen je Trägerseite (Z9-16-160) geprüft. Außerdem wurden zwei Versuche mit neun druckbeanspruchten Verstärkungselementen je Trägerseite (D9-624-160) durchgeführt. Die Ergebnisse der Versuche sind in Tabelle 6-3 zusammengefasst. Für jeden Versuch ist die Traglaststeigerung im Vergleich zum Mittelwert der Schubfestigkeit der geprüften unverstärkten Träger angegeben. Für die Versuchsserie Z6-16-240 konnte eine mittlere Tragfähigkeitssteigerung von 33% erreicht werden. Die mittlere Schubtragfähigkeitssteigerung fällt bei der Serie Z9-16-160 mit 28% geringer aus. Der Grund hierfür ist, dass bei drei der vier geprüften Träger ein Biegeversagen eintrat. Die tatsächliche Schubtragfähigkeit der verstärkten Träger konnte daher nicht erreicht werden.

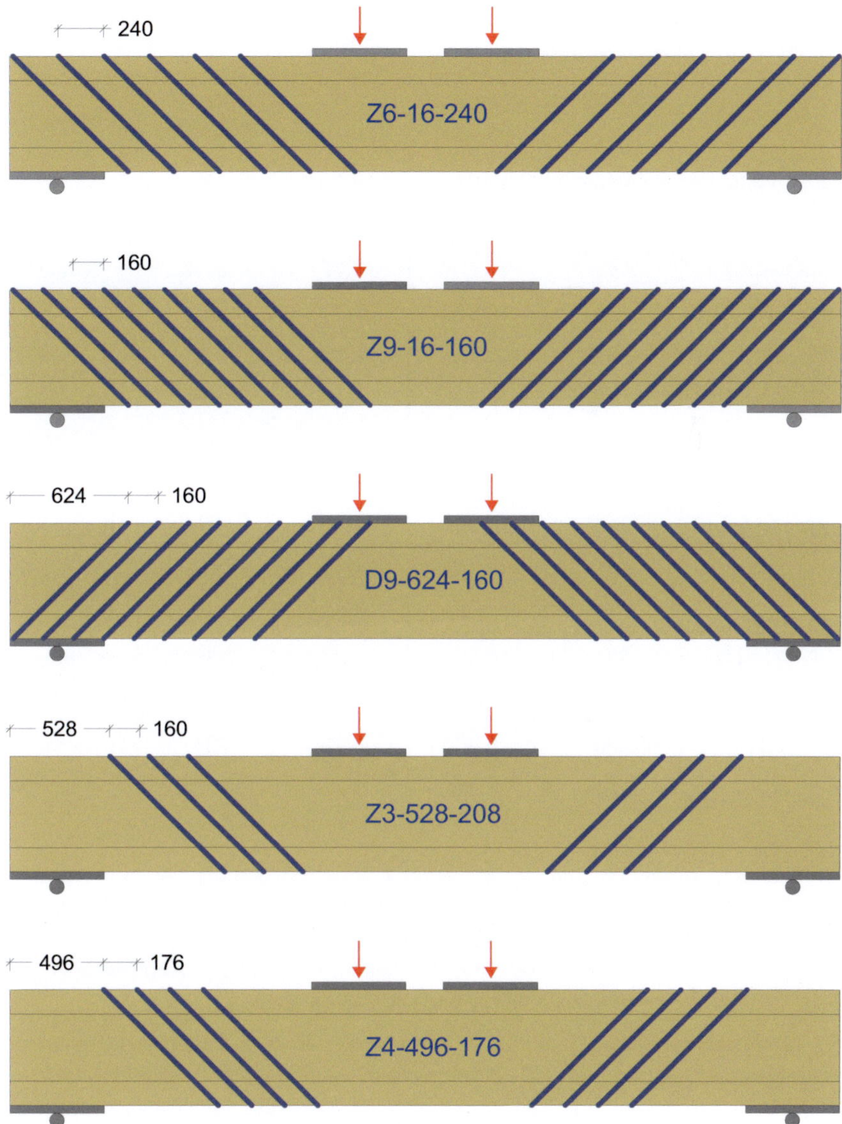

Bild 6-8   Verstärkungskonfigurationen der Versuchsreihe 1

Tabelle 6-3   Ergebnisse der Versuche mit verstärkten Trägern, Verstärkung nach Modell mit Versagenskriterium Schubbruch

Versuch	Rohdichte kg/m³	E_{dyn} N/mm²	f_v N/mm²	Traglast-steigerung	Versagen
Z6-16-240-1	488	15.600	5,59	29%	Schub
Z6-16-240-2	496	15.500	5,95	37%	Schub
Z6-16-240-3	488	-	5,77	33%	Schub
MW	490	15.600	5,77	33%	
COV	0,9%	0,5%	3,1%		
Z9-16-160-1	495	16.300	5,64	30%	Biegezug
Z9-16-160-2	487	15.900	5,65	30%	Schub
Z9-16-160-3	491	16.100	5,70	31%	Biegezug
Z9-16-160-4	494	15.700	5,30	22%	Biegezug
MW	492	16.000	5,57	28%	
COV	0,7%	1,6%	3,3%		
D9-624-160-1	500	16.600	4,14	-5%	Schub
D9-624-160-2	490	16.100	4,42	2%	Schub
MW	495	16.400	4,28	-2%	
COV	1,4%	2,2%	4,7%		

Die Verstärkungsvariante mit druckbeanspruchten Verstärkungselementen bewirkt keine Traglaststeigerung im Vergleich zu den unverstärkten Trägern. Die Ergebnisse dieser Versuche entsprechen nicht den nach dem Modell mit dem Versagenskriterium des Schubbruchs berechneten Tragfähigkeiten. Ein genauer Vergleich von Versuchs- und Rechenergebnissen ist in Abschnitt 7 aufgeführt.

Die Versuchsergebnisse der mit dem Versagenskriterium der Elementspannungen unter Berücksichtigung der Schub-Querspannungsinteraktion ermittelten Verstärkungskonfigurationen sind in Tabelle 6-4 zusammengefasst. Für Verstärkungskonfigurationen mit drei (Z3-528-208) und vier (Z4-496-176) Verstärkungsmitteln je Trägerseite wurden je drei Versuche durchgeführt. Sämtliche Träger versagten durch Schubbruch. Bei der Verstärkungsvariante mit drei Verstärkungselementen je Trägerseite wurde eine mittlere Schubtragfähigkeitssteigerung von 24%, bei der Serie mit vier Verstärkungsmitteln wurde eine Schubtragfähigkeitssteigerung von 31% im Vergleich zu den unverstärkt geprüften Trägern erreicht.

Tabelle 6-4 Ergebnisse der Versuche mit verstärkten Trägern, Verstärkung nach Modell mit Versagenskriterium Elementspannungen

Versuch	Rohdichte kg/m³	E_{dyn} N/mm²	f_v N/mm²	Traglast-steigerung	Versagen
Z3-528-208-1	484	16.500	4,94	14%	Schub
Z3-528-208-2	480	15.200	5,88	35%	Schub
Z3-528-208-3	510	15.900	5,36	23%	Schub
MW	491	15.900	5,39	24%	
COV	3,3%	4,1%	8,7%		
Z4-496-176-1	504	16.300	5,22	20%	Schub
Z4-496-176-2	487	15.700	5,91	36%	Schub
Z4-496-176-3	481	14.800	6,02	38%	Schub
MW	490	15.600	5,71	31%	
COV	2,4%	4,8%	7,5%		

Das Versagensverhalten der verstärkten Träger ändert sich im Vergleich zu den unverstärkt geprüften Trägern. Nach Erreichen der Schubbruchlast und Eintreten des Schubversagens konnte die Last nach einem Tragfähigkeitsabfall, bei reduzierter Trägersteifigkeit, meist wieder gesteigert werden. Nach dem Primärversagen traten dann weitere Schubbrüche sowie Biegeversagen ein.

Aufgrund der geringen Anzahl der Versuche wurde mit den einzelnen Versuchsserien eine Varianzanalyse durchgeführt, vgl. Hartung et. al. (2005). Durch dieses statistische Verfahren kann beurteilt werden, ob die Varianz zwischen verschiedenen Serien größer ist als die Varianz innerhalb der Serie. Dies war bei der vorliegenden Versuchsreihe der Fall, daher darf davon ausgegangen werden, dass sich die Versuchsserien signifikant unterscheiden und die Unterschiede in den Tragfähigkeiten nicht zufällig bedingt sind.

6.3 Ergebnisse der Versuchsreihe 2

In der zweiten Versuchsreihe standen insgesamt 22 Brettschichtholzträger für Kurz-zeitversuche zur Verfügung. Mit unverstärkten Trägern wurden sieben Versuche durchgeführt. Der Mittelwert der Schubfestigkeit liegt mit 5,57 N/mm² deutlich über dem Wert von 4,35 N/mm² für die Versuchsreihe 1. Durch die Ausrundung des Über-gangs zwischen Steg und Gurten trat der Schubbruch nun größtenteils im mittleren Bereich des Steges ein.

Tabelle 6-5   Ergebnisse der Versuche mit unverstärkten Trägern

Versuch	Rohdichte kg/m³	E_{dyn} N/mm²	f_v N/mm²	Versagen
U1	454	12.800	7,21	Schub
U2	460	14.500	5,11	Schub
U3	441	12.400	4,23	Schub
U4	491	15.100	5,84	Schub
U5	488	14.500	5,24	Schub
U6	466	13.700	5,20	Schub
U7	501	14.800	6,15	Schub
MW	471	14.000	5,57	
COV	4,7%	7,4%	16,9%	

Die drei Versuchsserien mit schubverstärkten Trägern dieser Versuchsreihe wurden auf Basis von Berechnungen mit Hilfe des Modells mit den Versagenskriterium der Elementspannungen festgelegt. Untersucht wurden Verstärkungskonfigurationen mit drei (Z3-150-60), vier (Z4-130-60) und fünf (Z5-100-60) Verstärkungselementen je Trägerseite. Je Verstärkungskonfiguration wurden fünf Versuche durchgeführt. Bei einigen Versuchen wurde nach Eintritt eines Schubversagens ein Anstieg der Trag-last über die Schubbruchlast hinaus festgestellt. In Tabelle 6-6 sind daher neben den Schubfestigkeiten f_v für das Primärversagen auch die maximalen Schubfestigkeiten $f_{v,max}$ angegeben. Höhere Versagensschubspannungen beim Sekundärversagen als beim Primärversagen sind hervorgehoben. Die Schubfestigkeiten beziehen sich stets auf den nicht geschädigten Ausgangsquerschnitt. Die angegebene Versagensart be-schreibt das Primärversagen.

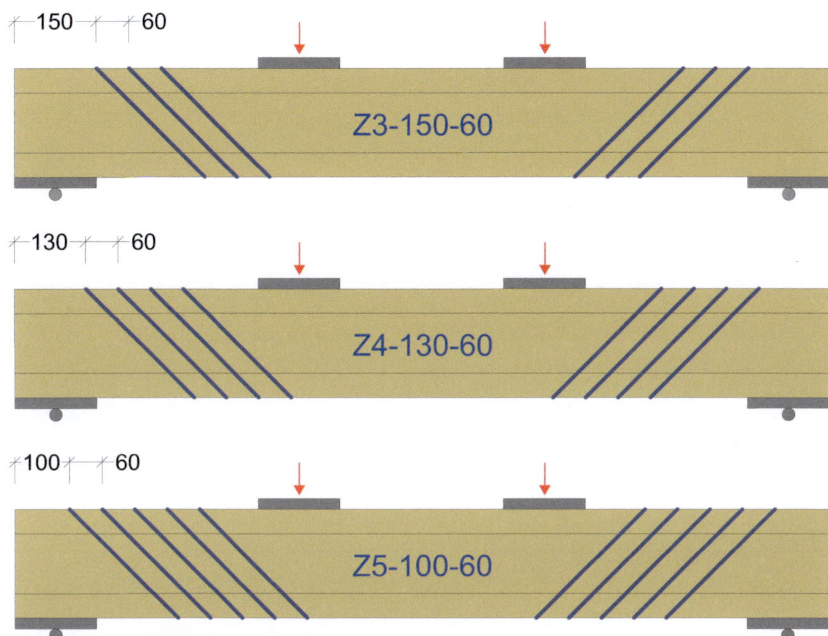

Bild 6-9 Verstärkungskonfigurationen der Versuchsreihe 2

Bild 6-10 Versuch Z3-150-60-3 nach Schubversagen

Tabelle 6-6   Ergebnisse der Versuche mit verstärkten Trägern

Versuch	ρ_m kg/m³	E_{dyn} N/mm²	f_v N/mm²	Traglast- steigerung	Versagen	$f_{v,max}$ N/mm²
Z3-150-60-1	452	12.500	5,18	-7%	Schub	**6,00**
Z3-150-60-2	462	14.400	4,84	-13%	Schub	**5,97**
Z3-150-60-3	476	14.400	7,19	29%	Schub	7,19
Z3-150-60-4	450	12.400	6,55	18%	Biegezug	6,55
Z3-150-60-5	473	13.000	5,69	2%	Biegezug	5,69
MW	463	13.300	5,89	6%		6,28
COV	2,6%	7,4%	16,5%			9,5%
Z4-130-60-1	470	12.700	7,44	34%	Schub	7,44
Z4-130-60-2	444	11.700	7,11	28%	Schub	7,11
Z4-130-60-3	476	14.700	6,24	12%	Schub	**6,30**
Z4-130-60-4	444	12.400	5,94	7%	Schub	**6,44**
Z4-130-60-5	495	15.600	6,05	9%	Schub	**6,96**
MW	466	13.400	6,56	18%		6,85
COV	4,7%	12,3%	10,3%			6,9%
Z5-100-60-1	491	13.800	7,36	32%	Schub	7,36
Z5-100-60-2	462	14.100	6,75	21%	Schub	**7,01**
Z5-100-60-3	472	13.800	6,79	22%	Schub	6,79
Z5-100-60-4	443	12.400	7,35	32%	Biegezug	7,35
Z5-100-60-5	447	12.300	7,41	33%	Schub	7,41
MW	463	13.300	7,13	28%		7,18
COV	4,2%	6,5%	4,7%			3,8%

Wie bei der Versuchsreihe 1 wurde auch für die zweite Versuchsreihe eine Varianz-analyse zur Beurteilung der Unterschiede der Tragfähigkeiten der einzelnen Serien mit verstärkten Trägern zu der Serie mit den unverstärkten Trägern durchgeführt. Bei einem Signifikanzniveau von 5% unterscheidet sich lediglich die Serie Z5-100-60 signifikant von der Serie der unverstärkten Träger. Bei einem Vergleich der beiden Serien Z3-150-60 und Z4-130-60 mit der Serie der unverstärkten Träger ist die Varianz innerhalb der Serien größer als zwischen den Serien.

Die Anzahl der Verstärkungselemente je Trägerseite beeinflusst die Streuung der Schubfestigkeiten. Bei zunehmender Verstärkungsmittelanzahl verringert sich der Variationskoeffizient. Die Anzahl der Verstärkungselemente hat also nicht nur einen Einfluss auf die mittlere Schubfestigkeit verstärkter Träger, sie verringert ebenso die Streuungen der Schubfestigkeiten. Der Einfluss des beanspruchten Volumens auf die Schubfestigkeit ist anhand der Streuungen der Schubfestigkeiten innerhalb der einzelnen Serien feststellbar.

6.4 Zusammenfassung

Nennenswerte Steigerungen der Schubtragfähigkeit sind durch Verstärkungen mit Vollgewindeschrauben und Gewindestangen möglich. Die Verstärkungsmittel müssen derart angeordnet werden, dass sie in Richtung ihrer Achse durch Zugkräfte beansprucht werden. Dies bewirkt zusätzliche Querdruckspannungen im verstärkten Bereich, die sich positiv auf die lokale Schubfestigkeit auswirken. Eine Anordnung von druckbeanspruchten Verstärkungselementen bewirkt keine Steigerung der Schubtragfähigkeit. Durch druckbeanspruchte Verstärkungsmittel entstehen im verstärkten Bereich Querzugspannungen, wodurch die lokale Schubfestigkeit des Holzes infolge der Schub-Querspannungsinteraktion abnimmt. Die Verstärkungsmittel selbst bewirken zwar eine Verstärkung, dieser Effekt wird jedoch durch die ungünstige Auswirkung der hervorgerufenen Querzugspannungen wieder aufgebraucht.

Bei Verstärkungen mit wenigen Verstärkungsmitteln sind größere Streuungen der Schubfestigkeiten zu beobachten als bei Verstärkungen mit einer größeren Anzahl von Verstärkungselementen. Je mehr Verstärkungsmittel angeordnet werden, desto größer wird die Verstärkungsmitteldichte. Der Einfluss geringer lokaler Schubfestigkeiten des Holzes auf die Schubfestigkeit der Träger verringert sich dadurch.

7 Versuch und Berechnung

Zur Beurteilung der Ergebnisse der beiden Rechenmodelle werden die Ergebnisse der durchgeführten Versuche werden mit den Ergebnissen aus den numerischen Berechnungen verglichen. Eine gute Übereinstimmung der Ergebnisse bestätigt die Gültigkeit des verwendeten Rechenmodells. Für die Versuchsreihe 1 wurden Verstärkungskonfigurationen basierend auf dem Rechenmodell des simulierten Schubbruches (Z6-16-240, Z9-16-160 und D9-624-160) und Verstärkungskonfigurationen, die mit dem Rechenmodell mit dem Versagenskriterium der kritischen Elementschubspannung (Z3-528-208 und Z4-496-176) bestimmt wurden, geprüft. Die anhand der Berechnungsergebnisse nach dem Modell des simulierten Schubbruchs verstärkten Träger zeigten deutliche Unterschiede der Schubtragfähigkeiten aus Versuch und Berechnung. Die Berücksichtigung der Interaktion von Schub- und Querspannungen bei der Simulation des Tragverhaltens nach dem Modell der kritischen Elementspannungen liefert hingegen eine gute Übereinstimmung der Ergebnisse. Besonders deutlich wird die Unzulänglichkeit des Modells mit dem Versagenskriterium Schubbruch bei der Verstärkungskonfiguration mit druckbeanspruchten Verstärkungselementen. Im Modell Schubbruch wird die Tragfähigkeit deutlich überschätzt, wohingegen des Modell auf Basis der Elementspannungen den Einfluss der Verstärkungselemente auf die Tragfähigkeit richtig abschätzt.

Tabelle 7-1   Vergleich der Schubtragfähigkeitssteigerungen der Versuchsreihe 1

Versuchsserie	Mittelwerte aus Versuchen	FE-Modell Elementspannungen	FE-Modell Schubbruch
Z6-16-240	33%	31%	14%
Z9-16-160	28%*	42%	19%
D9-624-160	-2%	-7%	29%
Z3-528-208	24%	28%	-
Z4-496-176	31%	34%	-
* 3 von 4 Versuchen mit Biegeversagen			

Der Vergleich der Ergebnisse der zweiten Versuchsreihe mit den berechneten Schubtragfähigkeitssteigerungen fällt weniger gut aus. Die Verstärkungskonfiguration mit drei Verstärkungselementen je Trägerseite liefert im Versuch geringere Tragfähigkeitssteigerungen als berechnet, die Konfiguration mit fünf Verstärkungselementen erreicht hingegen höhere Tragfähigkeiten. Lediglich bei der Versuchsserie Z4-130-60 wurde eine gute Übereinstimmung erreicht. Die großen Abweichungen aus

Versuchs- und Vorhersagewert können auf einen Volumeneinfluss bei den geprüften Trägern zurückzuführen sein. Aufgrund des kleinen Volumens der Träger beeinflussen lokale Schwachstellen die Schubfestigkeit besonders stark. Dies führt zu größeren Streuungen der Schubfestigkeiten. Im Modell sind die Elemente, auf welche das aus den Versuchen von Spengler abgeleitete Versagenskriterium angewandt wird, mit Abmessungen von 5 x 5 mm² wesentlich kleiner als der Querschnitt der von Spengler geprüften Brettelemente. Ein größerer Elementquerschnitt konnte im Modell aufgrund der Vorgabe der identischen Lage der Knoten der Elemente von Träger und Verstärkungsmitteln jedoch nicht gewählt werden.

Tabelle 7-2   Vergleich der Schubtragfähigkeitssteigerungen der Versuchsreihe 2

Versuchsserie	Mittelwerte aus Versuchen	FE-Modell Elementspannungen
Z3-150-60	6%	14%
Z4-130-60	18%	17%
Z5-100-60	28%	17%
3 von 4 Versuchen mit Biegeversagen		

8 Sanierung schubgeschädigter Träger

Die unverstärkt geprüften Träger der beiden Versuchsreihen wurden nach der ersten Prüfung, sofern der Schädigungszustand eine Sanierungsmaßnahme sinnvoll erscheinen ließ, mit Hilfe von Gewindestangen, Vollgewindeschrauben oder eingeklebten Stahlstäben saniert. Anschließend wurden die sanierten Träger nochmals im Versuch bis zur Höchstlast beansprucht. Die Anzahl der Verstärkungselemente wurde im Hinblick auf die erforderliche Schubkraftdeckung in der Schubbruchfläche unter Berücksichtigung der Reibung der beiden Bruchflächen ermittelt. Die erforderliche Schubkraftdeckung richtet sich nach der im Versuch angestrebten Höchstlast. Je nach Schädigungszustand des Trägers kann der Riss beim Sanieren durch Zusammenpressen mehr oder weniger gut geschlossen werden.

Die Verstärkungselemente wurden ebenso wie bei den verstärkten Trägern unter einem Winkel von 45° zur Faserrichtung angeordnet. Bei der Sanierung wurden die Verstärkungselemente über die gesamte Länge des schubbeanspruchten Bereichs zwischen den Lasteinleitungsstellen, jedoch mit dem äußersten Verstärkungsmittel möglichst nahe am Hirnholzende, angeordnet.

8.1 Ergebnisse der Versuchsreihe 1

In der Versuchsreihe 1 wurden die Träger U1 bis U5 nach Erreichen der Schubbruchlast noch weiterbelastet. Dadurch kam es zu stärkeren Schädigungen und größeren Verformungen der Schubbruchflächen gegeneinander, die sich nach der Entlastung nicht mehr gänzlich zurückbildeten. Der Spalt zwischen den Bruchflächen konnte auch durch Zusammenpressen der Bauteile nicht mehr vollständig geschlossen werden. Bei den Versuchen U6 bis U10 wurde der Versuch sofort nach Erreichen der Schubbruchlast beendet. Die Relativverformungen der Schubbruchflächen gingen wieder zurück, ein Spalt zwischen den Bruchflächen war mit bloßem Auge nicht mehr zu erkennen.

Zur Berechnung der erforderlichen Verstärkungsmittelanzahl für eine Sanierung wurde die notwendige Schubkraftdeckung in der Bruchfläche für die mittlere Schubtragfähigkeit aller unverstärkt geprüften Träger bestimmt. Der Mittelwert der Höchstlast je Lasteinleitungsstelle aus den Versuchen U1 bis U10 entspricht der maximalen Querkraft und beträgt 194 kN.

Die horizontale Kraftkomponente eines unter einem Winkel von 45° zur Trägerlängsrichtung angeordneten Verstärkungsmittels wird aus dessen Ausziehtragfähigkeit in Abhängigkeit der Verankerungslänge berechnet. Die vertikale Kraftkomponente des Verstärkungsmittels bewirkt eine Normalkraft rechtwinklig zur Bruchfläche und erzeugt damit durch Haftung eine zusätzliche horizontale Widerstandskraft.

$$F_{hor} = R_{ax} \frac{1+\mu_0}{\sqrt{2}} \tag{14}$$

Die Anzahl der zur Schubkraftdeckung in der Bruchfläche notwendigen Verstärkungsmittel ergibt sich aus dem Maximalwert der Querkraft V_{max}.

$$n = \frac{V_{max}}{F_h} = \frac{\sqrt{2}\,V_{max}}{R_{ax}\left(1+\mu_0\right)} \tag{15}$$

Der Haftbeiwert μ_0 für sägeraues Fichtenholz liegt nach Möhler und Maier (1969) zwischen 0,3 und 0,6. Da die Schubbruchflächen unregelmäßig verlaufen, kann auch eine Verzahnung der Flächen eintreten, welche den Verformungswiderstand erhöht. Bei nicht geschlossenem Schubriss kann jedoch zunächst keine Haftkraft aktiviert werden. Erst mit zunehmender Belastung des Trägers und dem damit verbundenem Schließen des Risses können Haftkräfte zwischen den Bruchflächen übertragen werden.

Die Schubrisse traten nach der ersten Belastung der unverstärkten Träger bis auf wenige Ausnahmen im Übergangsbereich zwischen Gurt und Flansch auf. Die Verankerungslänge ℓ_s der Verstärkungsmittel beträgt in den Guten damit mindestens 180 mm. Die berechneten mittleren Auszieh- und Zugtragfähigkeiten der zur Sanierung verwendeten Verstärkungsmittel sind für diese Verankerungslängen in Tabelle 8-1 angegeben. Die Ausziehtragfähigkeiten der Gewindestangen und eingeklebten Stahlstäbe wurde aus den durchgeführten Versuchen abgeleitet, die Tragfähigkeiten der Vollgewindeschrauben wurden nach Gleichung (6) berechnet. Zur Bestimmung der erforderlichen Verstärkungsmittelanzahl ist der kleinere Wert aus Ausziehtragfähigkeit und Zugtragfähigkeit maßgebend.

Tabelle 8-1   Tragfähigkeiten verschiedener Verstärkungselemente, ℓ_s = 180 mm

	Gewindestange	VG-Schraube	VG-Schraube	eingeklebter Stahlstab
$\varnothing$	16 mm	12 mm	13 mm	12 mm
R_{ax}	41 kN	29 kN	30 kN	66 kN
R_u	55 kN	38 kN	61 kN	49 kN

Je nach Haftbeiwert ergeben sich mit den Tragfähigkeiten aus Tabelle 8-1 mit Gleichung (15) die in Tabelle 8-2 angegebenen erforderliche Anzahl von Verstärkungsmitteln je Trägerseite.

Tabelle 8-2   Erforderliche Verstärkungsmittelanzahl je Seite für ℓ_s = 180 mm

μ	Gewinde-stange	VG-Schraube $\varnothing$ 12 mm	VG-Schraube $\varnothing$ 13 mm	eingeklebter Stahlstab
0	6,7	9,5	9,1	5,6
0,2	5,6	7,9	7,6	4,7
0,4	4,8	6,8	6,5	4,0
0,6	4,2	5,9	5,7	3,5
0,8	3,7	5,3	5,1	3,1
1,0	3,3	4,7	4,6	2,8

Die Verstärkungsmittel wurden jeweils über die gesamte Länge zwischen den Trägerenden und den Lasteinleitungsstellen angeordnet. Durch das Zusammenpressen der Träger vor dem Bohren und Einschrauben mit Hilfe von Schraubzwingen wurde versucht, die Schubbruchflächen möglichst gut zu schließen. Die optisch feststellbaren Verläufe der Schubbrüche der unverstärkt geprüften Träger vor der Sanierung sind in Bild 8-1 und Bild 8-2 dargestellt. Außerdem sind die Sanierungsmaßnahmen mit den Abständen der Verstärkungsmittel angegeben.

Zur Abschätzung des Kraftanteils aus Haften und Verzahnung wurde bei den Versuchen U1S, U2S und U3S jeweils eine unterschiedliche Verstärkungsmittelanzahl zur Sanierung verwendet. Als Verstärkungsmittel wurden Gewindestangen $\varnothing$ 16 mm verwendet. Die Sanierung des Trägers U5 wurde zunächst mit Vollgewindeschrauben 12x400 durchgeführt. Eine Schädigung des Trägers durch einen Schubbruch war ausschließlich im Übergangsbereich zwischen Steg und Obergurt feststellbar. Die Sanierungsmaßnahme wurde daher so gewählt, dass lediglich der geschädigte Bereich verstärkt wird. Im Versuch kam es zu einem Schubversagen außerhalb des verstärkten Bereiches. Daraufhin wurde der Träger nochmals mit Vollgewindeschrauben 13x1000, wie in Bild 8-1 dargestellt, saniert und anschließend geprüft. Die Träger U6 bis U10 wurden mit jeweils sechs Verstärkungselementen je Trägerseite saniert. Die Verstärkungsmittelanordnung mit sechs Verstärkungsmitteln je Trägerseite war bei allen Sanierungsmaßnahmen identisch. Zur Sanierung der Träger U7, U9 und U10 wurden Gewindestangen, für die Träger U6 und U8 wurden eingeklebte Stahlstäbe M12 verwendet.

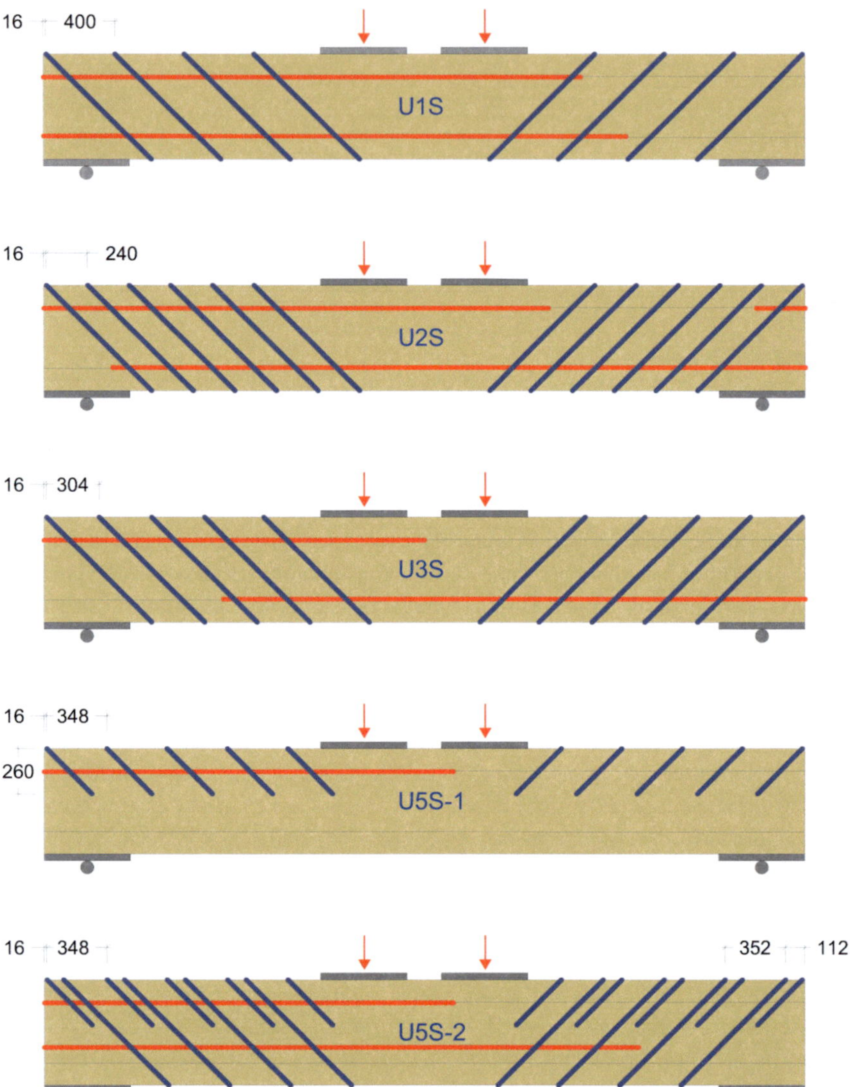

Bild 8-1   Sanierte Träger U1S bis U5S der Versuchsreihe 1, Maße in mm

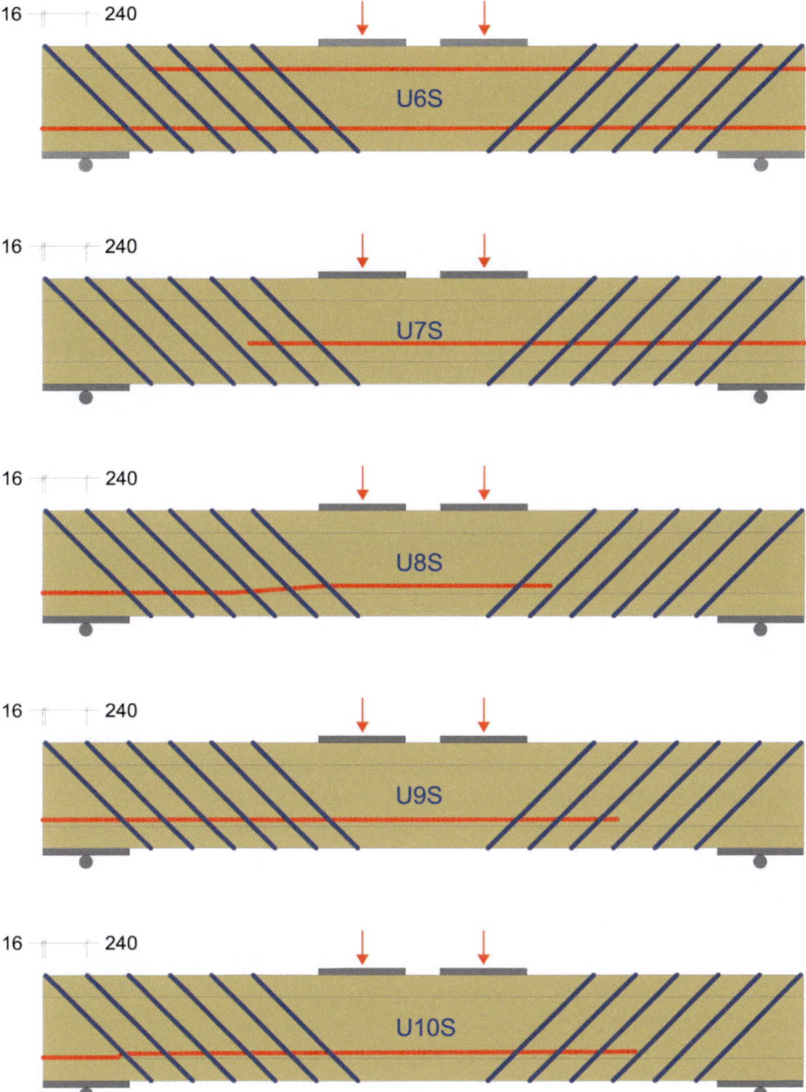

Bild 8-2   Sanierte Träger U6S bis U10S der Versuchsreihe 1, Maße in mm

Tabelle 8-3 Konfigurationen Sanierung

Versuch	VM	$\varnothing$ mm	VM je Seite	a_r mm	a_1 mm
U1S	GS	16	4	16	400
U2S	GS	16	6	16	240
U3S	GS	16	5	16	304
U5S-1	VG	12	5	16	348
U5S-2	VG	13	4	112	352
U6S	ES	12	6	16	240
U7S	GS	16	6	16	240
U8S	ES	12	6	16	240
U9S	GS	16	6	16	240
U10S	GS	16	6	16	240

Bei der Sanierung mit eingeklebten Gewindestangen wurde der Klebstoff bei stehenden Trägern von oben in das am unteren Ende verschlossene Bohrloch eingefüllt. Problematisch beim Einkleben der Stahlstäbe war das Verlaufen des Klebstoffes aus den Bohrlöchern in die Risse sowie die Neigung der Bohrlöcher unter 45° zur Vertikalen. Durch den Neigungswinkel der Bohrlöcher bildeten sich leicht Lufteinschlüsse beim Befüllen der Bohrlöcher mit Klebstoff. Um ein Auslaufen des Klebstoffes aus dem Bohrkanal zu verhindern, wurden die Risse von außen abgeklebt. Um den Verlust durch das Auslaufen zu verhindern, wurde in die Bohrlöcher deutlich mehr Klebstoff eingefüllt als eigentlich benötigt wird. Nach einer Wartezeit von einigen Minuten, die eine Verteilung des Klebstoffes im Bohrloch, den Ausfluss in den Riss, sowie den Austritt von Luftblasen ermöglicht, wurde das Verstärkungsmittel ins Bohrloch eingeführt. Beim Einbringen des Stahlstabes in das Bohrloch wurde darauf geachtet, dass überschüssiger Klebstoff zum Bohrloch austrat. Nach der Versuchsdurchführung wurden die Verklebungen freigelegt und die Verteilung des Klebstoffs entlang des Bohrlochs überprüft. Bei einigen Stahlstäben wurde eine unzureichende Verklebung oberhalb des bei der Sanierung vorhandenen Schubrisses festgestellt. Dies kann sowohl auf ein Auslaufen des Klebstoffes nach dem Einbringen des Stahlstabes, als auch auf vorhandene Lufteinschlüsse im Klebstoff zurückzuführen sein. Das Auslaufen des Klebstoffes aus dem Bohrloch in den Schubriss führte stellenweise auch zu einer Verklebung der Rissflächen.

Die Ergebnisse der Versuche mit sanierten Trägern der ersten Versuchsreihe sind in Tabelle 8-4 zusammengefasst. Neben den Schubfestigkeiten der unverstärkt geprüften Träger sind die erreichten Schubfestigkeiten der sanierten Träger sowie die Tragfähigkeitsänderungen angegeben. Neben den Versagensarten Schub und Biegezug trat hier auch ein Versagen der Verstärkungsmittel in Form eines Zugversagens ein. Bei Sanierungsmaßnahmen mit weniger als sechs Verstärkungselementen je Trägerseite konnte die Ursprungstragfähigkeit nicht erreicht werden. Sanierungen mit sechs Verstärkungselementen je Seite bewirkten im Mittel sogar eine Tragfähigkeitssteigerung im Vergleich zur Ausgangstragfähigkeit. Eine Rückrechnung des Reibbeiwertes aus den Versuchsergebnissen mit der Annahme des Erreichens des Ausziehwiderstandes ergibt Haftbeiwerte zwischen 0,1 und 0,5.

Bei den unverstärkt geprüften Trägern lag der mittlere globale Biegeelastizitätsmodul bei 9.460 N/mm². Bei den sanierten Trägern sank der Wert auf 7.000 N/mm².

Tabelle 8-4 Ergebnisse der Versuche mit sanierten Trägern aus Versuchsreihe 1

Versuch	VM je Seite	$f_{v,\,unverstärkt}$ N/mm²	$f_{v,\,saniert}$ N/mm²	Änderung	Versagen
U1S	4 GS	4,48	3,89	-13%	Biegezug
U2S	6 GS	4,33	4,93	+14%	Biegezug
U3S	5 GS	4,70	3,94	-16%	Schub
U5S-1	5 VG	4,20	3,66	-13%	Schub
U5S-2	4 VG	4,20	3,65	-13%	Verstärkung
U6S	6 ES	4,73	5,20	+10%	Schub
U7S	6 GS	5,48	5,34	-3%	Schub
U8S	6 ES	3,81	5,01	+31%	Schub
U9S	6 GS	3,48	5,91	+70%	Schub
U10S	6 GS	4,10	5,02	+22%	Schub
GS: Gewindestangen VG: Vollgewindeschrauben ES: eingeklebte Stahlstäbe					

8.2 Ergebnisse der Versuchsreihe 2

Die sieben unverstärkt geprüften Träger der zweiten Versuchsreihe wurden allesamt mit der in Bild 8-3 gezeigten Konfiguration mit drei Vollgewindeschrauben $\varnothing$ 8 mm auf jeder Trägerseite verstärkt. Die Prüfkörper wurden bei der ersten Prüfung bis zum Schubversagen beansprucht und danach sofort entlastet. Die Schubbrüche traten in Abständen zwischen 75 und 85 mm zur Trägerunter- bzw. Trägeroberkante auf. Um den Mittelwert der Tragfähigkeit der unverstärkt geprüften Träger bei der Sanierung zu erreichen, ist eine Schubkraftdeckung von 49 kN erforderlich. Mit den entsprechend des Bruchverlaufs verbleibenden Verankerungslängen der Schrauben im Holz sind nach Gleichung (15) für einen Reibbeiwert von 1,0 zwei Verstärkungselemente und für einen Haftbeiwert zwischen 0,4 und 0,9 drei Verstärkungselemente je Trägerseite zu verwenden.

Bild 8-3   Sanierung der Träger der Versuchsreihe 2, Maße in mm

Tabelle 8-5   Ergebnisse der Versuche mit sanierten Trägern der Versuchsreihe 2

Versuch	$f_{v,\text{unverstärkt}}$ N/mm²	$f_{v,\text{saniert}}$ N/mm²	Änderung	Versagen
U1S	7,21	4,91	-32%	Biegezug
U2S	5,11	5,58	+9%	Schub
U3S	4,23	6,40	+51%	Schub
U4S	5,84	6,37	+9%	Schub
U5S	5,24	6,14	+17%	Biegezug
U6S	5,20	4,77	-8%	Biegezug
U7S	6,15	4,33	-30%	Biegezug

Durch das Zusammenpressen der Träger mit Schraubzwingen im Zuge der Sanierung konnten die Schubrisse bei den Trägern U1 bis U5 sehr gut geschlossen werden. Nach dem Anbringen der Verstärkungselemente und dem Entfernen der Schraubzwingen waren die Risse mit dem Auge teilweise nicht mehr zu erkennen. Die Träger U6 und U7 wurden beim Sanieren nicht zusammengedrückt, so dass eine 3 bis 5 mm breite Rissöffnung nach der Sanierung noch vorhanden war. Entsprechend der Weite der Rissöffnung fallen auch die Versuchsergebnisse aus. Bei den Trägern mit geschlossenem Riss wurden höhere Tragfähigkeiten erreicht als bei den Trägern mit nicht geschlossenem Riss. Jedoch war bei den Trägern mit den nicht geschlossenen Rissen jeweils Biegezugversagen bestimmend für die Tragfähigkeit.

Der Mittelwert des globalen Biegeelastizitätsmoduls der sanierten Träger sank von 5.370 N/mm² bei den unverstärkt geprüften Trägern auf 3.450 N/mm² bei den sanierten Trägern.

8.3 Zusammenfassung

Die Sanierung schubgeschädigter Träger mit geneigt angeordneten zugbeanspruchten Verstärkungselementen funktioniert bei ausreichender Schubkraftdeckung in der Ebene des Risses. Der Einfluss der Reibung in der Bruchfläche auf die Tragfähigkeit kann nur schwer abgeschätzt werden. Er ist abhängig von Verlauf der Schubbruchfläche, geradlinig oder unregelmäßig, sowie der Rissweite nach der Sanierung. Bei einer Anrechung des Anteils der Haftkraft zur Schubkraftdeckung ist eine konservative Wahl des Haftbeiwertes angebracht. In der Praxis ist ohnehin die Sanierung der Schubrisse mit Klebstoff vor der Schubverstärkung der Träger mit Gewindestangen oder Schrauben sinnvoll.

Die Verwendung eingeklebter Stahlstäbe ohne vorherige Sanierung der Rissflächen im Träger ist problematisch. Eine ausreichende Verklebung konnte aufgrund des Auslaufens des Klebstoffes aus dem Bohrloch nicht immer festgestellt werden. Der Neigungswinkel der Bohrlöcher von 45° zur Vertikalen kann zudem die Bildung von Lufteinschlüssen in der Klebstoffmasse beim Einbringen der Gewindestangen begünstigen. Diese Nachteile werden vermieden, wenn zunächst die Rissflächen im Holz durch Verpressen mit Klebstoff saniert werden und anschließend die eingeklebten Stahlstäbe als Schubverstärkungen eingebracht werden.

9   Verhinderung von Rissen durch klimatische Beanspruchung

Die Schubfestigkeit des Holzes wird neben den physikalischen und strukturellen Holzmerkmalen entscheidend durch im Holz vorhandene Risse beeinflusst. Ein Riss in einem schubbeanspruchten Bauteil reduziert die Querschnittsbreite, die zur Schubkraftübertragung zur Verfügung steht und verringert somit die Schubtragfähigkeit. Risse können durch Schwinden des Holzes infolge wechselnder klimatischer Umgebungsbedingungen entstehen. Auch ein Einbau von Holzbauteilen mit einer Holzfeuchte über der zu erwartenden Ausgleichsfeuchte kann bei annähernd konstantem Umgebungsklima zu Schwindrissen durch Austrocknung des Holzbauteils führen.

Versuche mit verstärkten und unverstärkten kurzen Brettschichtholzabschnitten wurden durchgeführt, um einen möglichen Einfluss der Verstärkungsmittel auf die Entwicklung von Schwindrissen zu untersuchen. Die unverstärkten Prüfkörper dienen als Referenz für die Wirksamkeit einer Verstärkungsmaßnahme. Die Beurteilung der Wirksamkeit erfolgte durch eine visuelle Erfassung der entstandenen Risse nach der klimatischen Beanspruchung.

Im Gegensatz zu Nadelvollholz, das bei entsprechendem Einschnitt stark zur Schwindrissbildung bei sinkender Holzfeuchte neigt, sind Schwindrisse bei Brettschichtholz aufgrund des Einschnitts der Lamellen eher selten. Im Versuch war daher ein besonderes Beanspruchungsverfahren zur Erzeugung von Schwindrissen in Brettschichtholz notwendig.

Kurze verstärkte und unverstärkte Brettschichtholzabschnitte wurden in Anlehnung an die Delaminierungsprüfung für Brettschichtholz nach DIN EN 391 einer extremen Schwindbeanspruchung ausgesetzt. Neben einigen Vorversuchen wurden insgesamt zwei Prüfreihen durchgeführt. Bei den Prüfreihen variierten die Prüfkörperhöhe sowie der Randabstand der Verstärkungsmittel zum Hirnholzende. Als Verstärkungsmittel wurden selbstbohrende Vollgewindeschrauben, Durchmesser 10 mm, verwendet. Die Schrauben wurden so eingedreht, dass die beiden Enden an den Prüfkörperseitenflächen aus dem Holz herausragten. Die Prüfkörper waren bei Versuchsbeginn normalklimatisiert.

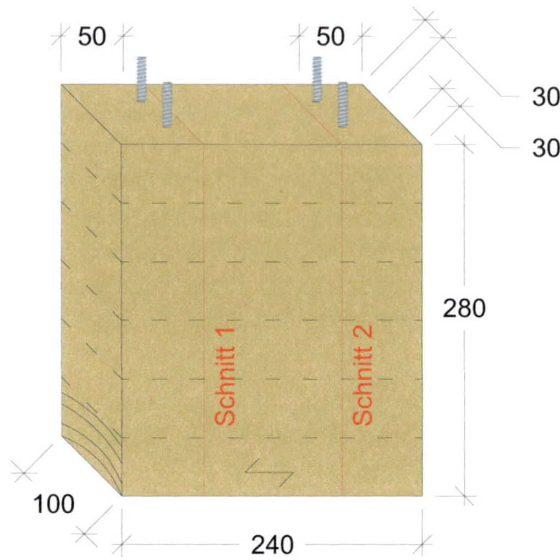

Bild 9-1   Prüfkörper der Prüfreihen 1 und 2, Maße in mm

Die zwei verschiedenen Beanspruchungszyklen der beiden Prüfreihen sind in Tabelle 9-1 zusammengefasst. Die Prüfkörper werden nach einer kurzen Unterdruckphase in einem wassergefüllten Vakuum-Druckbehälter einem Überdruck ausgesetzt um eine rasche Wassersättigung über den Fasersättigungspunkt hinaus zu erreichen. Anschließend wurden die Prüfkörper in einer Umlufttrocknungsanlage scharf heruntergetrocknet. Der Beanspruchungszyklus aus Befeuchtung und Trocknung wurde bei den verschiedenen Prüfreihen unterschiedlich oft wiederholt.

Tabelle 9-1   Beanspruchungszyklen

Beanspruchungszyklus	I	II
Wasserlagerung mit Unterdruck	30 min	30 min
Wasserlagerung mit Überdruck	4 h	4 h
Trocknung, 70°C, 10 % rel.F.	24 h	48 h

Neben im Vorfeld durchgeführten Orientierungsversuchen wurden zwei Versuchsreihen mit den in Tabelle 9-2 beschriebenen Versuchseigenschaften durchgeführt.

Tabelle 9-2		Übersicht Versuchsreihen

Versuchsreihe	1		2
Prüfkörper unverstärkt / verstärkt	1 / 1	1 / 1	3 / 3
Beanspruchungszyklus	I		II
Durchläufe	2	4	3

Nach der Durchführung von Vorversuchen wurde der Hirnholzabstand der Schrauben von 70 mm auf 50 mm verringert, da nach dem Auftrennen der Prüfkörper bei einem Hirnholzabstand von 70 mm noch kein gravierendes Risswachstum bis hinter die Bewehrungsschrauben festgestellt werden konnte. In der ersten Versuchsreihe wurde die Anzahl der Durchläufe durch einen Beanspruchungszyklus variiert, da sich die Anzahl der Beanspruchungszyklen auf den Schädigungsgrad auswirkt. In der zweiten Versuchsreihe wurde schließlich die Trocknungszeitdauer verdoppelt, um ein stärkeres Austrocknen der Prüfkörper im Inneren zu ermöglichen.

Direkt im Anschluss an die Trocknungsphase des letzten Beanspruchungszyklus wurden die Prüfkörper mit den Hirnholzflächen für kurze Zeit in ein Bad aus blau gefärbter Beize gelegt. Durch die Kapillarwirkung gelangt die Beize tief in die Risse. Mithilfe dieses Verfahrens lassen sich die vorhandenen Risse nach dem Auftrennen der Prüfkörper gut visualisieren. Auch kleine Risse, die durch die Feuchtigkeitsaufnahme der Prüfkörper aus der Luft und damit verbundenes Quellen des Holzes nach Beendigung der Trocknungsphase wieder geschlossen werden, sind dadurch später noch zu erkennen. Zur Analyse der Risse wurden die Prüfkörper durch Sägeschnitte im Abstand von 15 mm in Faserrichtung des Holzes zu den Bewehrungsschrauben, also im Abstand von 65 mm zum Hirnholz, aufgetrennt (Bild 9-1).

Die Bewertung der Rissschädigung der Prüfkörper in den einzelnen Schnitten wurde durch eine optische Erfassung der Risslängen in Richtung der Querschnittsbreite durchgeführt. Für die Beurteilung der Wirksamkeit einer Rissbewehrung wurden zwei Bewertungskategorien festgelegt. Ein Kriterium ist die Summe der in Breitenrichtung verlaufenden Risslängen, die in jeder einzelnen Lamelle eines Prüfkörpers in den Schnitten 1 und 2 erfasst wurden. Als zweites Bewertungskriterium für die Wirksamkeit der Bewehrung dient der Maximalwert der Risslänge in einer Lamelle in Breitenrichtung eines Prüfkörpers, jeweils in den Schnitten 1 und 2 gemessen. Im Verhältnis zur Querschnittsbreite ergibt sich hieraus Wert für den maximal gerissenen Querschnittsanteil in einer Lamelle.

Für das Bewertungskriterium der Summe der Einzelrisslängen sind die Ergebnisse der Risslängenmessungen in den Schnittflächen 1 und 2 in Tabelle 9-3 zusammengefasst. Direkt vergleichbar sind lediglich die Ergebnisse der Versuche mit identischer Beanspruchung aus der Versuchsreihe 2. Im Mittel ist bei den bewehrten Prüfkörpern die Gesamtrisslänge im Vergleich zu den unbewehrten Prüfkörpern geringer. Die Streuungen der gemessenen Risslängen bei den bewehrten Prüfkörpern sind im Vergleich wesentlich größer.

Tabelle 9-3   Summen der Risslängen pro Schnittfläche in mm

Ver-suchs-reihe	Prüfkörper-nummer	Zyklus - Durchläufe	unbewehrte Prüfkörper		bewehrte Prüfkörper	
			Schnitt 1	Schnitt 2	Schnitt 1	Schnitt 2
1	1	I - 2	81	182	75	67
	2	I - 4	308	294	178	121
2	3	II - 3	338	339	126	126
	4	II - 3	220	227	161	270
	5	II - 3	336	322	285	339
Mittelwert 3 bis 5			297		218	
Standardabweichung			57		92	
Variationskoeffizient			19%		42%	

In Bild 9-2 sind je ein unbewehrter und ein bewehrter Prüfkörper (Versuchsreihe 1, Prüfkörpernummer 2) in den Schnitten hinter den Bewehrungsschrauben gegenübergestellt. Die Achse der Bewehrungsschrauben im rechten Bild wird durch eine rote Linie angedeutet. Auffällig ist, dass die Risse bei den bewehrten Versuchskörpern meist vom Rand bis zur Achse einer Bewehrungsschraube verlaufen. Ein Rissfortschritt über die Achse der Bewehrungsschraube hinaus war nur selten festzustellen.

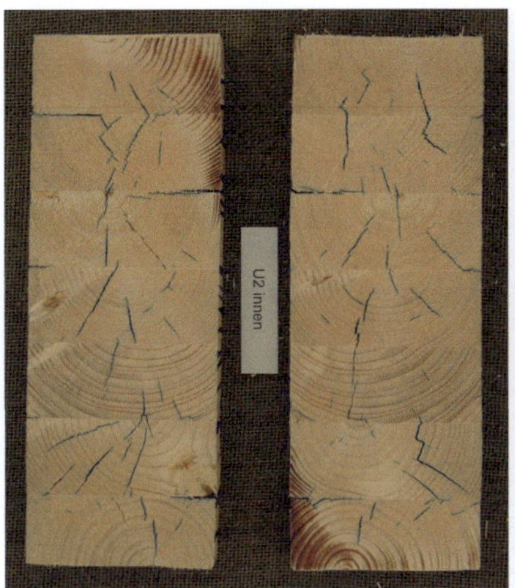

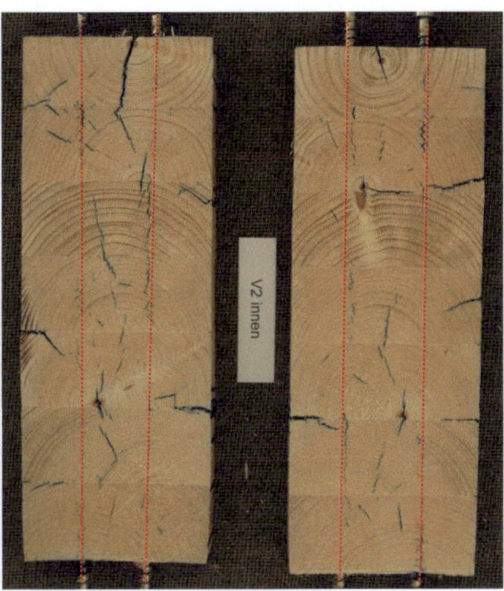

Bild 9-2   Rissbilder der Prüfkörper 2, unverstärkt (li.) und verstärkt (re.)

Das zweite angewandte Kriterium der Bewertung der Rissschädigung, der prozentuale Anteil des maximalen rissgeschädigten Querschnittsanteils in Breitenrichtung, liefert, im Gegensatz zum zuvor betrachteten Bewertungskriterium, keine erkennbare Wirkung der Bewehrung auf den Grad der Rissschädigung. Die Mittelwerte der rissgeschädigten Querschnittsanteile der Versuchsreihe 2 sind für die unbewehrten und bewehrten Prüfkörper etwa gleich groß.

Tabelle 9-4   Maximaler Rissschädigung in Richtung der Querschnittsbreite

Ver-suchs-reihe	Prüfkörper-nummer	Zyklus - Durchläufe	unbewehrte Prüfkörper		bewehrte Prüfkörper	
			Schnitt 1	Schnitt 2	Schnitt 1	Schnitt 2
1	1	I - 2	24%	47%	28%	36%
	2	I - 4	93%	81%	61%	64%
2	3	II - 3	87%	88%	45%	56%
	4	II - 3	70%	69%	96%	93%
	5	II - 3	81%	92%	84%	92%
Mittelwert 3 bis 5			81%		78%	
Variationskoeffizient			12%		28%	

Auffällig sind die Unterschiede innerhalb der bewehrten Prüfkörper der Versuchsreihe 2. Der Prüfkörper 3 weist im Vergleich zu den beiden anderen verstärkten Prüfkörpern dieser Versuchsreihe sowie zu den unbewehrten Prüfkörpern deutlich geringere Schädigungen auf. Die maßgebenden Lamellen mit dem maximalen Schädigungsgrad für die bewehrten Prüfkörper 3 und 4 sind in Bild 9-3 durch rote Umrandungen gekennzeichnet. Benachbarte Lamellen sind teilweise deutlich weniger geschädigt.

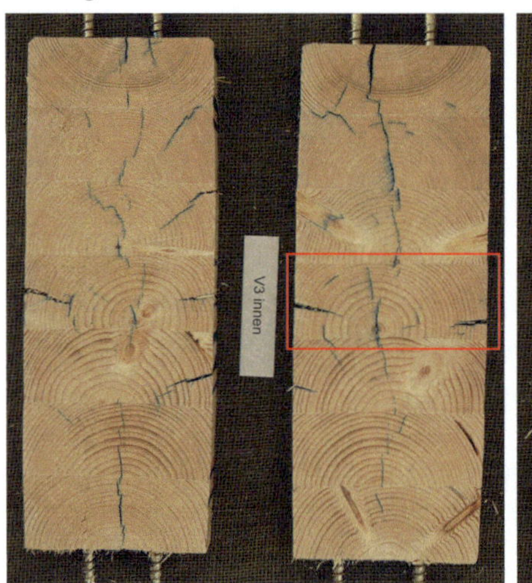
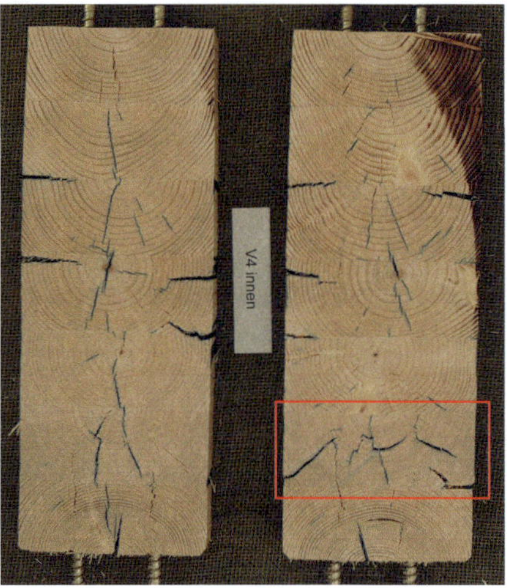

Bild 9-3   Rissbilder der verstärkten Prüfkörper 3 (li.) und 4 (re.)

Das Kriterium der maximalen Rissschädigung einer Lamelle ist besser geeignet, die Qualität einer Rissbewehrung zu beurteilen. Bei einem biege- und schubbeanspruchten Bauteil aus Brettschichtholz mit einem parabelförmigen Schubspannungsverlauf wird die Stelle im Querschnitt mit einem hohen Rissanteil die Schubtragfähigkeit bestimmen, sofern sie nicht im weniger stark beanspruchten Randbereich liegt. Eine einzige stark geschädigte Lamelle reicht daher aus, um die Schubtragfähigkeit signifikant zu verringern. Aus den wenigen durchgeführten Versuchen lässt sich kein Unterschied in der Rissschädigung zwischen unbewehrten und bewehrten Prüfkörpern feststellen.

Die extreme klimatische Beanspruchung der Prüfkörper durch Quellen und Schwinden bei den durchgeführten Versuchen kann mit realen Bedingungen nicht verglichen werden. Sie waren jedoch notwendig, um in kurzer Zeitdauer Schwindrisse im Holz zu erzeugen.

Zum Ergebnis der durchgeführten Untersuchungen passend ist ein Prüfkörper aus Ende des Jahres 2003 durchgeführten Einschraubversuchen mit Vollgewindeschrauben zur Bestimmung von Mindestabständen. Zum Zeitpunkt der Einschraubversuche mit vier Vollgewindeschrauben 8 x 200 war der in Bild 9-3 dargestellte normalklimatisierte Prüfkörper noch nicht durch Risse geschädigt. Der Querschnitt des Prüfkörpers beträgt 120 x 200 mm², die Prüfkörperlänge in Faserrichtung des Holzes beträgt 55 mm, der kleinste Schraubenrandabstand in Holzfaserrichtung 25 mm. Vom Zeitpunkt des Einschraubens bis zum Jahresanfang 2009 wurde der Prüfkörper bei etwa 65% Luftfeuchtigkeit in der Laborhalle des Lehrstuhls für Ingenieurholzbau gelagert. Der Mittelwert der Umgebungstemperatur betrug im Mittel 20°C, jedoch war die Lagerstelle der Sonneneinstrahlung ausgesetzt, sodass temporär höhere Umgebungstemperaturen vorhanden waren. Trotz der geringen möglichen Holzfeuchteänderung über den Beobachtungszeitraum von 5 ½ Jahren und des hohen Bewehrungsgrades traten Schwindrisse im Holz auf.

Bild 9-4　　Risse trotz hohem Bewehrungsgrad

10 Zusammenfassung

Die Grundlagen zur Modellierung und Berechnung schubverstärkter Träger mit Hilfe der Methode der finiten Elemente wurden aus vorhandenen Forschungsergebnissen und aus eigenen Versuchen zur Anwendung in einem Rechenmodell aufbereitet. Zur Berechnung der Schubtragfähigkeiten beliebiger schubverstärkter Träger wurde ein Rechenmodell entwickelt. Zunächst wurden zwei unterschiedliche Ansätze bei der Modellierung verfolgt. Das Modell, das den Vorgang des Schubbruches simuliert, erwies sich als unzureichend, da der Einfluss der durch die Verstärkungselemente verursachten Spannungen quer zur Faserrichtung des Holzes im Bereich der Schubverstärkung nicht berücksichtigt wird. Das Modell, dessen Versagenskriterium auf Basis der Elementspannungen beruht, berücksichtigt den Einfluss von Querspannungen auf die Schubfestigkeit. Die Ergebnisse der durchgeführten Versuche mit schubverstärkten Trägern zeigen eine gute Übereinstimmung mit den nach diesem Modell durchgeführten Berechnungen.

Verstärkungen mit unter 45° zur Trägerachse geneigt angeordneten zugbeanspruchten Verstärkungselementen sind am besten geeignet, die Schubtragfähigkeit von Trägern zu erhöhen. Durch die Zugkraft in den Verstärkungselementen werden im verstärkten Bereich eines Trägers Querdruckspannungen erzeugt. Dies führt lokal zu einer Steigerung der Schubfestigkeit des Holzes in diesem Bereich und somit zu einer Erhöhung der Schubtragfähigkeit des gesamten Trägers. Verstärkungsmittelanordnungen, bei denen die Verstärkungselemente durch Druckkräfte beansprucht werden, bewirken hingegen keine Steigerung der Schubtragfähigkeit, da die Schubfestigkeit infolge der durch die Verstärkungsmittel hervorgerufenen Querzugspannungen im verstärkten Bereich abnimmt.

Für Einfeldträger, die durch eine konstanter Querkraft beansprucht werden, sowie für Einfeldträger unter Gleichstreckenlast wurden Berechnungen mit unterschiedlichen Verstärkungskonfigurationen und Verstärkungsmitteln durchgeführt. Steigerungen der Schubtragfähigkeit bis zu 50% im Vergleich zu einem identischen unverstärkten Träger scheinen mit der richtigen Verstärkungsmittelanordnung möglich. Generelle Prinzipien der Anordnung von Verstärkungselementen zur Schubverstärkung wurden ermittelt. Ein allgemeiner Vorschlag für die Bemessung schubverstärkter Träger ist aufgrund des zu geringen Umfangs der durchgeführten Berechnungen jedoch noch nicht möglich. Weitere numerische Berechnungen sind notwendig, um alle Einflüsse auf die Tragfähigkeit schubverstärkter Träger und die optimale Anordnung der Verstärkungsmittel zu erfassen. Durch eine Berücksichtigung streuender Schubfestigkeiten bei der numerischen Berechnung können für die Bemessung relevante Werte der Tragfähigkeit schubverstärkter Träger ermittelt werden.

Die durchgeführten Versuche mit schubverstärkten Brettschichtholzträgern haben die Ergebnisse der durchgeführten Berechnungen bestätigt und gezeigt, dass durch eine gezielte Anordnung von Verstärkungselementen eine Erhöhung der Schubtragfähigkeit möglich ist. Gewindestangen zur Schubverstärkung können auch bei großen Trägerhöhen zuverlässig eingesetzt werden. Bei Vollgewindeschrauben besteht die Gefahr des Verlaufens der Schraube bei großen Einschraublängen und geringen Trägerbreiten.

Bei bereits geschädigten Trägern war es möglich, durch geeignete Sanierungsmaßnahmen deren Schubtragfähigkeit wiederherzustellen. Mit einer Schubkraftdeckung durch die Verstärkungselemente in der Rissebene konnte in den durchgeführten Versuchen im Mittel die Ausgangstragfähigkeit der unverstärkt geprüften Träger erreicht werden. Tragfähigkeitssteigernde Einflüsse aus Haften und Verzahnung in der Schubbruchfläche können zur Schubkraftdeckung nur bedingt hinzugerechnet werden. Der Haftkraftanteil hängt von der Rissöffnungsweite ab. Bei geschlossenen Schubrissen können höhere Haftkräfte in der Bruchfläche aktiviert werden, als bei einer Rissöffnung von einigen Millimetern.

Eine Verhinderung der Entstehung von Rissen durch Schwinden und Quellen des Holzes durch eine Bewehrung mit Vollgewindeschrauben konnte nicht nachgewiesen werden. Bei den durchgeführten Versuchen waren sowohl bei den verstärkten als auch den unverstärkten Prüfkörpern gleichermaßen starke Rissschäden nach einer klimatischen Wechselbeanspruchung zu erkennen.

11 Literatur

Blaß H J, Bejtka I, Uibel T (2006) Tragfähigkeit von Verbindungen mit selbstbohrenden Holzschrauben mit Vollgewinde. Universitätsverlag Karlsruhe, Karlsruhe

Chatterlee S, Price B (1995) Praxis der Regressionsanalyse. R. Oldenburg Verlag, München

Hartung J, Elpelt B, Klösener K-H (2005) Statistik. Oldenburg Verlag, München

Hemmer K (1984) Versagensarten des Holzes der Weißtanne (Abies alba) unter mehrachsiger Beanspruchung. Dissertation, Universität Karlsruhe (TH)

Korin U (1996) Determination Of The Shear Strength Of Timber. Proceedings of the International Wood Engineering Conference 2-91 bis 2-95

Möhler K, Maier G (1969) Der Reibbeiwert bei Fichtenholz im Hinblick auf die Wirksamkeit reibschlüssiger Holzverbindungen. Holz als Roh- und Werkstoff, Jahrgang 27, Heft 8

Obermayr B (1998) Entwicklung einer optimierten Versuchskonfiguration zur Ermittlung der Schubfestigkeit von Brettschichtholz. Technische Universität Graz, Diplomarbeit

Rammer R, McLean D (1996) Recent Research on the Shear Strength of Wood Beams. Proceedings of the International Wood Engineering Conference 2-96 bis 2-103

Schickhofer G, Pischl R (1999) Ermittlung beanspruchungsgerechter Schubfestigkeiten für eine wirtschaftliche Bauteilbemessung und Implementierung in nationalen und internationalen Normen. Bericht LR9901, Technische Universität Graz

Spengler, R (1982) Festigkeitsverhalten von Brettschichtholz unter zweiachsiger Beanspruchung. Berichte zur Zuverlässigkeitstheorie der Bauwerke, Heft 62/1982, Technische Universität München

Xu S, Reinhardt H, Gappoev M (1996) Mode II fracture testing of highly orthotropic materials like wood. International Journal of Fracture 75, 185-214, Kluwer Academic Publishers, Niederlande

12 Zitierte Normen

DIN 1052, Dezember 2008. Entwurf, Berechnung und Bemessung von Holzbauwerken - Allgemeine Bemessungsregeln und Bemessungsregeln für den Hochbau

DIN 7998, Februar 1975. Gewinde und Schraubenenden für Holzschrauben

DIN EN 391, April 2002. Brettschichtholz - Delaminierungsprüfung von Klebstofffugen

13 Anhänge

13.1 Anhang zu Abschnitt 3

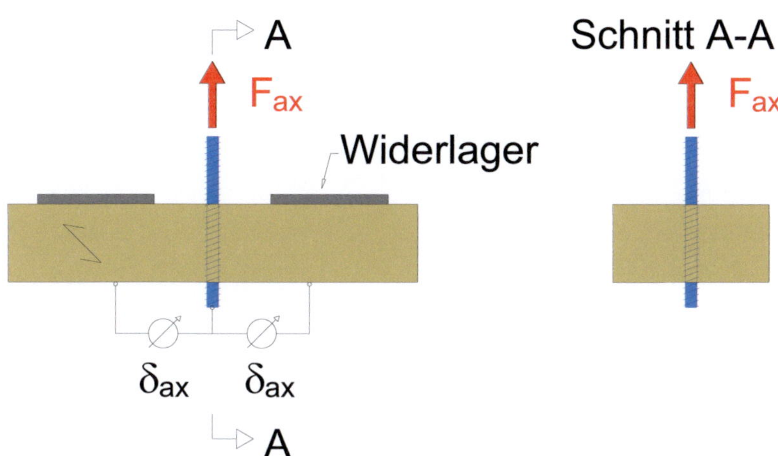

Bild 13-1   Versuchsanordung, Herausziehen von selbstbohrenden Vollgewindeschrauben

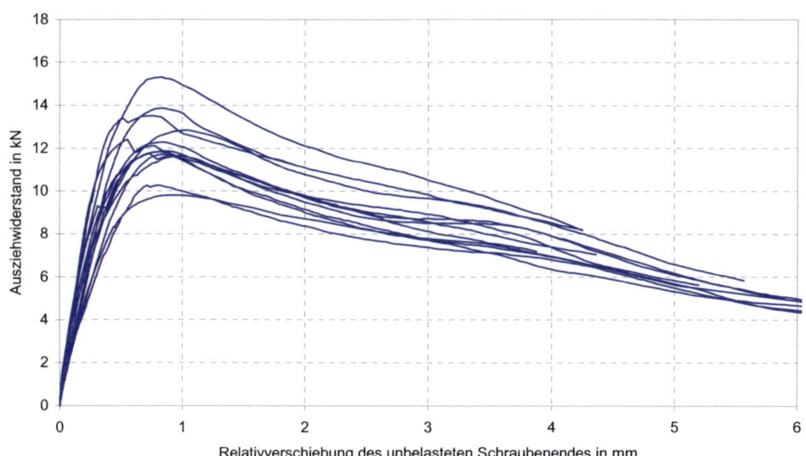

Bild 13-2   Last-Verformungskurven von selbstbohrenden Vollgewindeschrauben
Ø 8 mm bei Beanspruchen auf Herausziehen, Kraft-Faserwinkel 45°

Tabelle 13-1 Ergebnisse der Ausziehversuche mit selbstbohrenden Vollgewindeschrauben $\varnothing$ 8 mm, ρ_m = 400 kg/m³

Versuch	$R_{ax,45°}$	$K_{ax,45°}$	δ_{ax}
	in kN	in N/mm	in mm
1	11,8	24.400	0,95
2	11,8	23.500	0,82
3	12,8	21.500	0,73
4	11,7	20.300	1,04
5	10,3	16.200	0,84
6	11,6	22.900	1,16
7	13,5	36.100	0,94
8	11,8	27.500	0,75
9	13,9	26.400	0,81
10	10,3	18.200	0,83
11	15,3	30.000	0,81
12	12,4	38.000	0,83
13	12,3	25.300	0,55
Mittelwert	12,3	25.400	0,84
Standardabweichung	1,38	6.390	0,15
Variationskoeffizient	11,3%	25,2%	17,5%

Tabelle 13-2   Ergebnisse Ausziehversuche mit Gewindestangen $\varnothing$ 16 mm, Kraft-Faser-Winkel 45°, Verankerungslänge 200 mm

Nummer	ρ	F_{max}	$K_{ax,o}$	$K_{ax,u}$	$\delta_{max,o}$	$\delta_{max,u}$
	kg/m³	kN	N/mm		mm	
1	432	42,9	30.600	47.200	2,83	2,34
2	432	44,8	32.300	51.700	2,69	2,11
3	432	44,5	27.700	42.600	3,06	2,55
4	429	51,3	29.800	39.500	3,11	2,69
5	430	46,0	31.400	46.900	2,70	2,19
6	430	41,7	25.300	36.000	2,85	2,42
7	430	37,9	22.800	37.800	2,97	2,32
8	429	44,0	40.100	44.700	2,38	2,22
9	430	55,5	40.100	46.200	2,77	2,61
10	429	47,8	44.300	44.500	2,70	2,70
Mittelwert	430	45,6	32.400	43.700	2,81	2,41
Standardabweichung	1,25	4,98	6.960	4.800	0,21	0,21
Variationskoeffizient	0,29%	10,9%	21,5%	11,0%	7,57%	8,84%

Tabelle 13-3   Ergebnisse Ausziehversuche mit Gewindestangen $\varnothing$ 16 mm, Kraft-Faser-Winkel 45°, Verankerungslänge 400 mm

Nummer	ρ	F_{max}	$K_{ax,o}$	$K_{ax,u}$	$\delta_{max,o}$	$\delta_{max,u}$
	kg/m³	kN	N/mm		mm	
1	430	86,1	44.000	90.900	3,51	2,39
2	434	92,1	43.600	89.800	3,77	2,50
3	434	87,5	39.100	146.000	3,58	1,81
4	430	86,9	40.400	96.400	3,94	2,54
5	439	105	46.200	104.000	3,65	2,23
6	434	97,4	46.900	101.000	3,57	2,27
7	430	88,3	40.000	74.400	3,71	2,52
8	439	97,4	49.900	98.400	3,56	2,42
9	430	91,8	49.200	100.000	3,30	2,21
10	434	91,6	43.200	124.000	3,63	1,99
Mittelwert	433	92,4	44.300	102.000	3,62	2,29
Standardabweichung	3,50	5,93	3.770	19.700	0,17	0,24
Variationskoeffizient	0,81%	6,42%	8,5%	19,3%	4,70%	10,6%

Tabelle 13-4 Ergebnisse Ausziehversuche mit Gewindestangen $\varnothing$ 20 mm, Kraft-Faser-Winkel 45°, Verankerungslänge 200 mm

Nummer	ρ	F_{max}	$K_{ax,o}$	$K_{ax,u}$	$\delta_{max,o}$	$\delta_{max,u}$
	kg/m³	kN	N/mm		mm	
1	430	54,2	37.300	41.900	2,83	2,64
2	430	50,8	35.600	39.600	2,62	2,47
3	429	52,4	28.600	32.600	3,19	2,97
4	429	50,2	38.700	47.400	2,60	2,32
5	430	53,8	31.900	34.100	3,49	3,36
6	432	50,3	34.000	43.000	3,10	2,77
7	432	62,4	44.000	59.300	2,93	2,51
8	432	63,2	50.100	62.200	2,79	2,49
9	432	64,8	40.500	47.100	3,14	2,87
10	430	63,9	36.400	40.300	3,16	2,94
Mittelwert	431	56,6	37.700	44.800	2,99	2,73
Standardabweichung	1,26	6,19	6.130	9.700	0,28	0,31
Variationskoeffizient	0,29%	10,9%	16,3%	21,7%	9,40%	11,4%

Tabelle 13-5   Ergebnisse Ausziehversuche mit Gewindestangen $\varnothing$ 20 mm, Kraft-Faser-Winkel 45°, Verankerungslänge 400 mm

Nummer	ρ	F_{max}	$K_{ax,o}$	$K_{ax,u}$	$\delta_{max,o}$	$\delta_{max,u}$
	kg/m³	kN	N/mm		mm	
1	439	121,8	59.000	137.000	3,88	2,42
2	430	107,8	49.000	107.000	3,84	2,52
3	434	115,6	67.000	124.000	3,40	2,39
4	430	112,4	60.000	130.000	3,23	2,17
5	430	111,0	62.000	123.000	3,68	2,53
6	434	106,7	60.000	113.000	3,52	2,59
7	434	117,6	45.000	97.000	4,30	2,72
8	439	120,7	58.400	107.000	3,92	2,77
9	434	132,4	63.500	150.000	3,60	2,34
10	430	127,0	53.100	112.000	4,24	2,72
Mittelwert	433	117,3	57.700	120.000	3,76	2,52
Standardabweichung	3,50	8,32	6.750	16.000	0,34	0,19
Variationskoeffizient	0,81%	7,10%	11,7%	13,3%	9,18%	7,60%

Tabelle 13-6   Ergebnisse Ausziehversuche mit Gewindestangen $\varnothing$ 16 mm, Kraft-Faser-Winkel 90°, Verankerungslänge 200 mm

Nummer	ρ	F_{max}	$K_{ax,o}$	$K_{ax,u}$	$\delta_{max,o}$	$\delta_{max,u}$
	kg/m³	kN	N/mm		mm	
1	414	41,3	21.800	27.700	3,30	2,80
2	413	31,7	15.300	17.400	3,38	3,07
3	413	39,9	20.600	25.300	3,38	3,02
4	414	38,0	17.700	25.200	3,72	3,03
5	414	33,5	17.400	18.500	3,49	3,37
6	442	37,0	16.200	20.600	3,75	3,23
7	414	34,9	17.400	19.700	3,24	2,96
8	414	38,9	20.100	22.200	3,44	3,19
9	442	38,1	16.500	24.800	3,81	3,05
10	442	40,8	19.400	22.400	3,49	3,18
Mittelwert	422	37,4	18.200	22.400	3,50	3,09
Standardabweichung	13,7	3,18	2.120	3.350	0,20	0,16
Variationskoeffizient	3,24%	8,49%	11,6%	15,0%	5,65%	5,15%

Tabelle 13-7   Ergebnisse Ausziehversuche mit Gewindestangen $\varnothing$ 16 mm, Kraft-Faser-Winkel 90°, Verankerungslänge 400 mm

Nummer	ρ	F_{max}	$K_{ax,o}$	$K_{ax,u}$	$\delta_{max,o}$	$\delta_{max,u}$
	kg/m³	kN	N/mm		mm	
1	457	94,6	30.700	76.800	4,65	2,40
2	438	92,2	30.200	67.000	5,29	2,94
3	438	96,4	28.800	79.100	5,92	2,76
4	441	88,4	26.200	63.000	5,55	3,01
5	441	87,4	27.400	66.500	5,16	2,72
6	441	99,4	32.900	86.600	6,06	3,19
7	438	107	37.100	133.000	6,93	2,89
8	438	92,5	30.900	76.800	4,69	2,58
9	441	92,1	26.700	59.100	5,46	3,14
10	441	91,3	26.000	82.400	6,01	2,67
Mittelwert	441	94,1	29.700	79.000	5,57	2,83
Standardabweichung	5,68	5,76	3.480	20.900	0,69	0,25
Variationskoeffizient	1,29%	6,12%	11,7%	26,5%	12,4%	8,84%

Tabelle 13-8   Ergebnisse Ausziehversuche mit Gewindestangen $\varnothing$ 20 mm, Kraft-Faser-Winkel 90°, Verankerungslänge 200 mm

Nummer	ρ	F_{max}	$K_{ax,o}$	$K_{ax,u}$	$\delta_{max,o}$	$\delta_{max,u}$
	kg/m³	kN	N/mm		mm	
1	414	45,4	23.600	26.300	3,50	3,31
2	414	51,1	26.100	28.700	3,38	3,18
3	414	50,7	26.000	29.600	3,52	3,26
4	414	43,7	20.400	21.600	3,81	3,64
5	414	47,3	19.600	23.100	3,86	3,48
6	442	44,3	21.200	24.100	3,71	3,45
7	442	45,6	19.900	22.100	4,13	3,92
8	413	54,8	25.400	29.900	3,96	3,59
9	442	50,2	23.400	26.800	3,44	3,15
10	442	46,0	20.200	22.400	3,66	3,44
Mittelwert	425	47,9	22.600	25.500	3,70	3,44
Standardabweichung	14,55	3,60	2.630	3.210	0,24	0,24
Variationskoeffizient	3,42%	7,5%	11,6%	12,6%	6,55%	6,84%

Tabelle 13-9 Ergebnisse Ausziehversuche mit Gewindestangen $\varnothing$ 20 mm, Kraft-Faser-Winkel 90°, Verankerungslänge 400 mm

Nummer	ρ	F_{max}	$K_{ax,o}$	$K_{ax,u}$	$\delta_{max,o}$	$\delta_{max,u}$
	kg/m³	kN	N/mm		mm	
1	441	114	39.000	71.100	4,822	3,117
2	457	106	37.200	73.600	4,724	2,975
3	438	117	37.500	72.200	5,370	3,500
4	438	116	36.700	75.300	5,287	3,307
5	441	114	37.400	67.700	4,991	3,255
6	441	122	39.100	84.400	5,558	3,295
7	438	114	35.900	73.900	5,123	3,135
8	438	118	40.000	104.000	4,803	2,753
9	441	111	34.100	64.600	5,034	3,142
10	441	119	41.400	75.700	4,595	2,962
Mittelwert	441	115	37.800	76.300	5,03	3,14
Standardabweichung	5,68	4,34	2.110	11.100	0,31	0,21
Variationskoeffizient	1,29%	3,78%	5,58%	14,5%	6,11%	6,73%

13.2 Anhang zu Abschnitt 4

Tabelle 13-10   Versuchsergebnisse von Xu, Reinhardt und Gappoev (1996)

		HRB10-2	HRB10-3	HRB10-4	HRB20-1	HRB20-4k
P_B	kN	26,02	24,83	28,59	53,77	35,02
δ_B	mm	1,579	1,622	1,762	2,495	1,679
ε_B	-	0,22%	0,22%	0,24%	0,34%	0,24%
P_c	kN	43,6	42,3	45,2	82,4	61,0
δ_c	mm	2,79	2,93	3,05	4,00	3,40
ε_c	-	0,38%	0,40%	0,42%	0,54%	0,49%
$K_{II,C}$	$N/mm^{1,5}$	65,054	62,081	71,480	67,217	61,914
$G_{II,F}$	Nmm/mm^2	0,8398	0,7096	1,1576	0,9203	0,7597
E_0	N/mm^2	11100	10500	10900	7700	6900

Tabelle 13-11   Wertepaare der Federkurven zur Beschreibung des axialen Verbundverhaltens bezogen auf die Verankerungslänge

Gewindestange $\varnothing$ 16 mm		Vollgewindeschraube $\varnothing$ 8 mm	
$\delta\,/\,\delta_{ax}$	$F_{ax}\,/\,R_{ax}$	$\delta\,/\,\delta_{ax}$	$F_{ax}\,/\,R_{ax}$
0%	0,0%	0%	0,0%
5%	36,3%	5%	14,5%
10%	54,4%	10%	25,1%
20%	70,0%	20%	44,3%
40%	85,2%	40%	73,8%
60%	93,8%	60%	90,3%
80%	98,6%	80%	98,0%
100%	100%	100%	100%
120%	99,1%	120%	98,4%
150%	94,2%	150%	94,0%
180%	86,9%	180%	89,2%
240%	68,6%	240%	80,3%
300%	44,3%	300%	74,4%
360%	33,0%	360%	70,3%
450%	31,9%	450%	64,1%
600%	20,2%	600%	47,5%
800%	19,5%	800%	0,0%
δ_{ax} = 2,29 mm		δ_{ax} = 0,842 mm	
R_{ax} = 231 N/mm		R_{ax} = 153 N/mm	

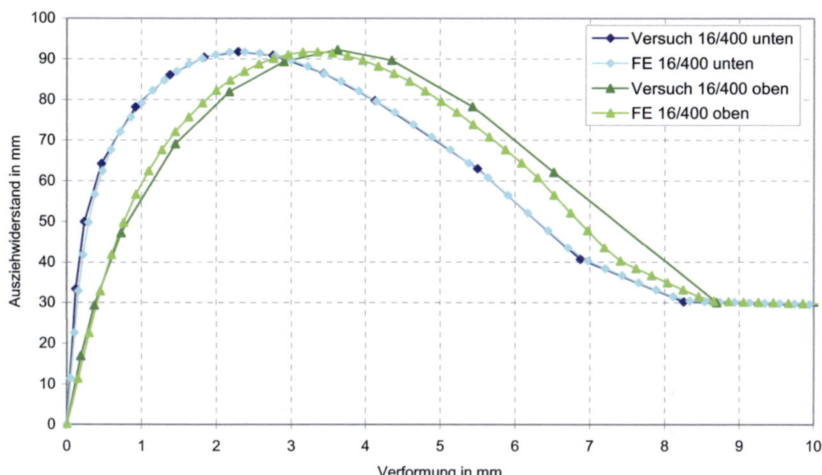

Bild 13-3 Vergleich der Last-Verformungskurven aus Versuch und Berechnung für
Gewindestange ⌀ 16 mm und Verankerungslänge 400 mm

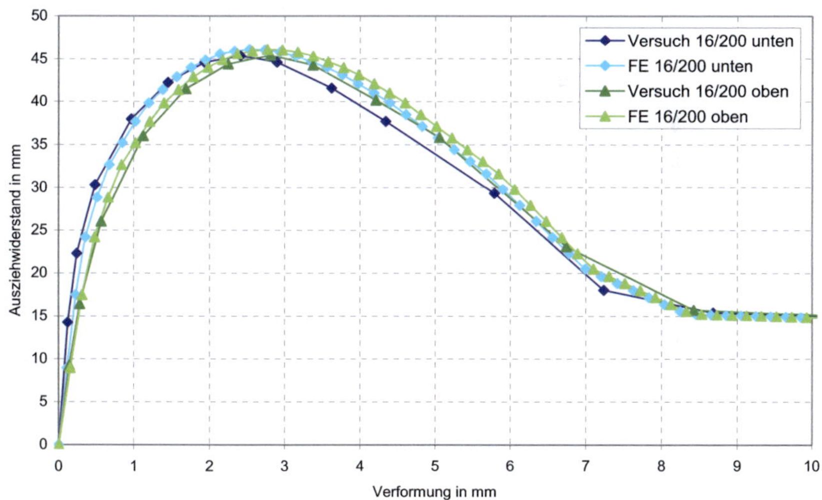

Bild 13-4 Vergleich der Last-Verformungskurven aus Versuch und Berechnung für
Gewindestange ⌀ 16 mm und Verankerungslänge 200 mm

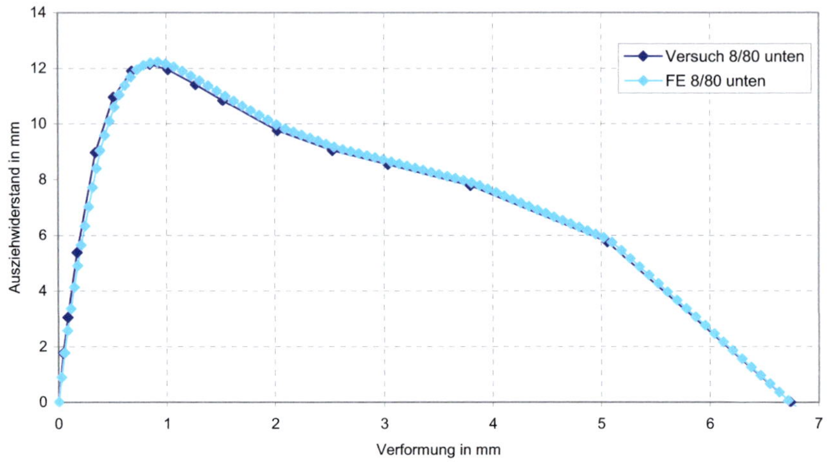

Bild 13-5 Vergleich der Last-Verformungskurven aus Versuch und Berechnung für Vollgewindeschraube ⌀ 8 mm und Verankerungslänge 80 mm

13.3 Anhang zu Abschnitt 6.2

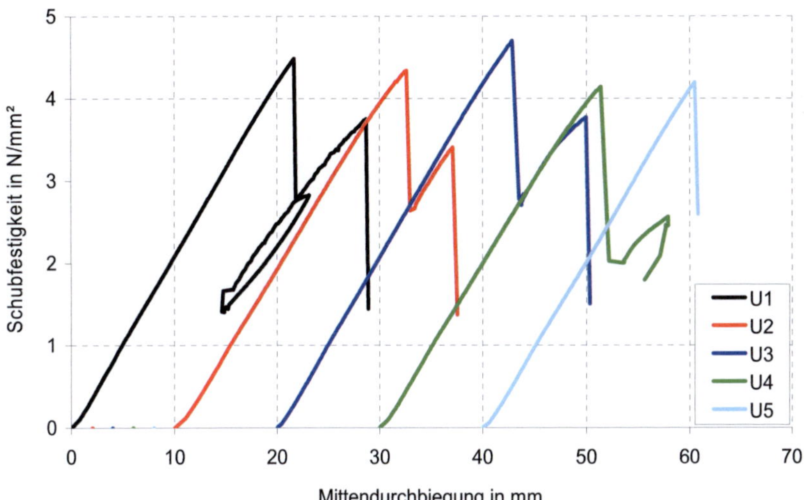

Bild 13-6   Schubspannungs-Verformungskurven der Versuche U1 bis U5

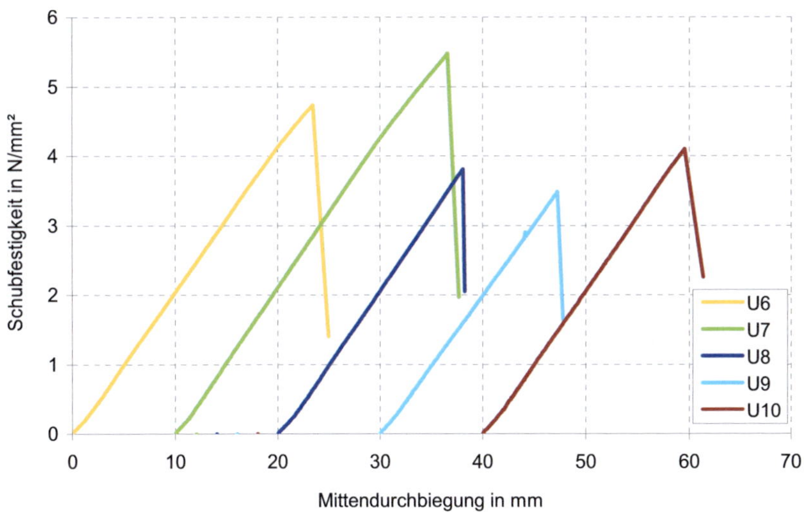

Bild 13-7   Schubspannungs-Verformungskurven der Versuche U6 bis U10

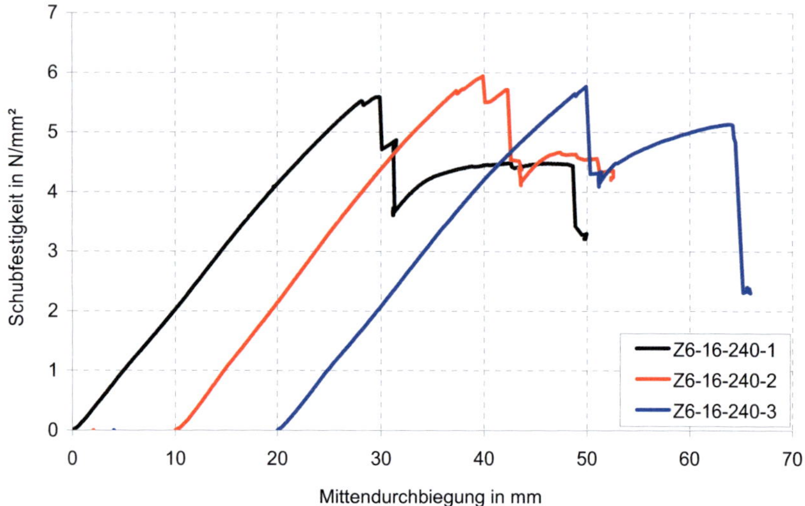

Bild 13-8   Schubspannungs-Verformungskurven der Versuche Z6-16-240

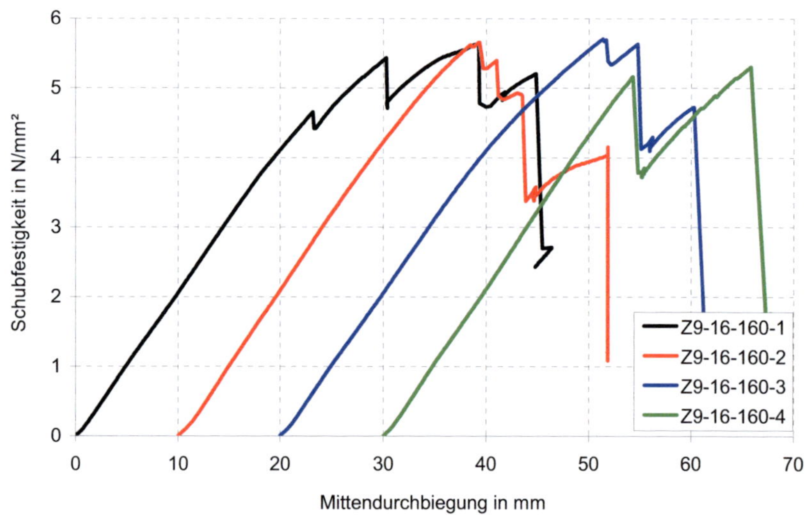

Bild 13-9   Schubspannungs-Verformungskurven der Versuche Z9-16-160

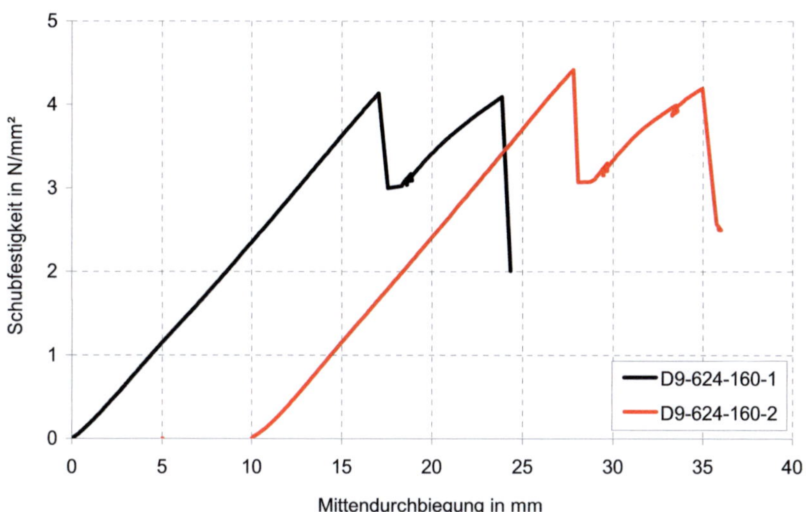

Bild 13-10 Schubspannungs-Verformungskurven der Versuche D9-624-160

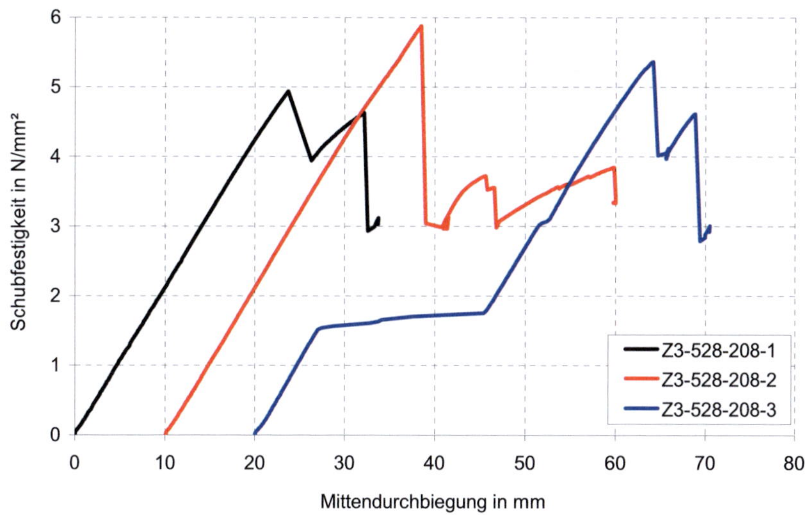

Bild 13-11 Schubspannungs-Verformungskurven der Versuche Z3-528-208

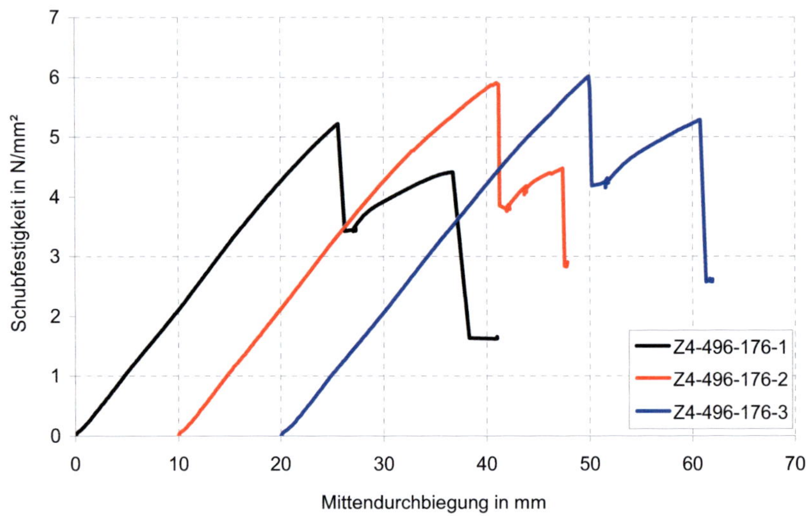

Bild 13-12 Schubspannungs-Verformungskurven der Versuche Z4-496-176

13.4 Anhang zu Abschnitt 6.3

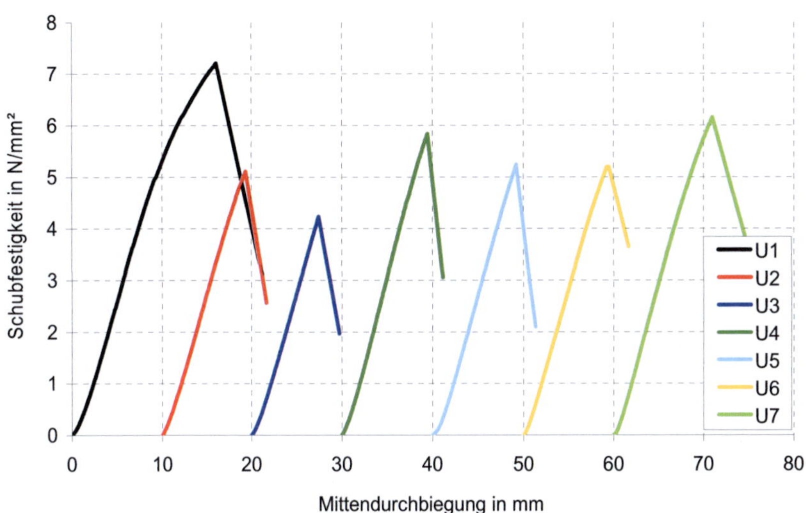

Bild 13-13 Schubspannungs-Verformungskurven der Versuche U1 bis U7

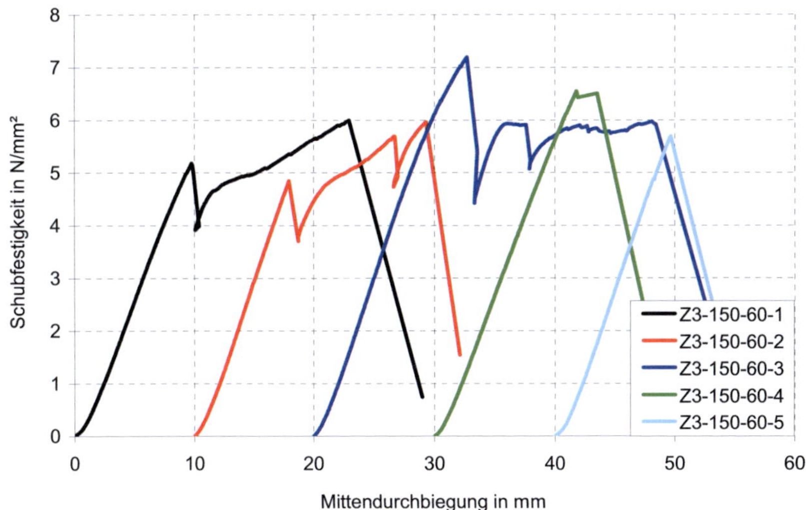

Bild 13-14 Schubspannungs-Verformungskurven der Versuche Z3-150-60

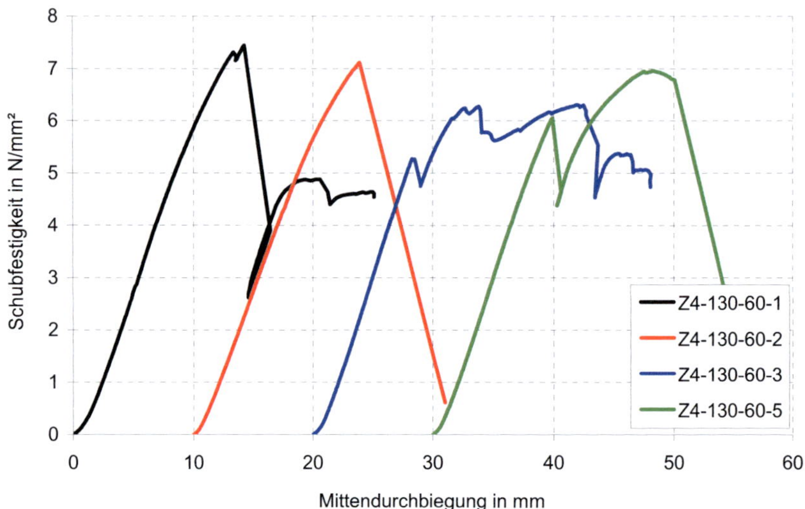

Bild 13-15 Schubspannungs-Verformungskurven der Versuche Z4-130-60

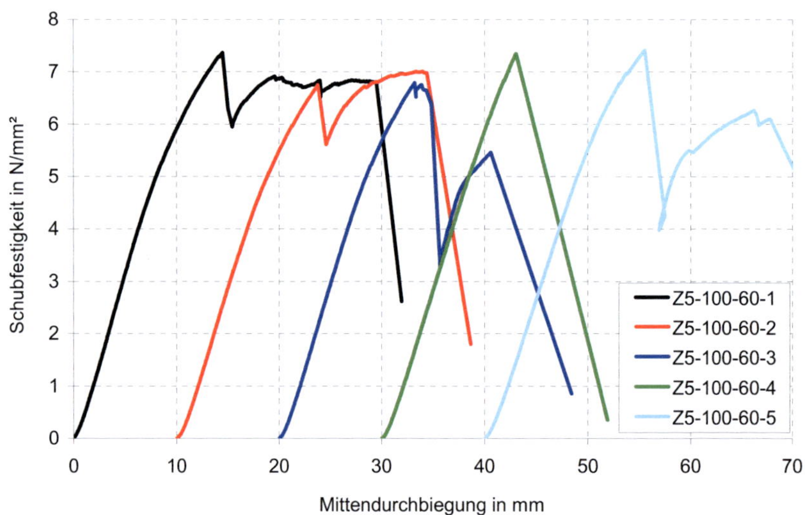

Bild 13-16 Schubspannungs-Verformungskurven der Versuche Z5-100-60

13.5 Anhang zu Abschnitt 8.1

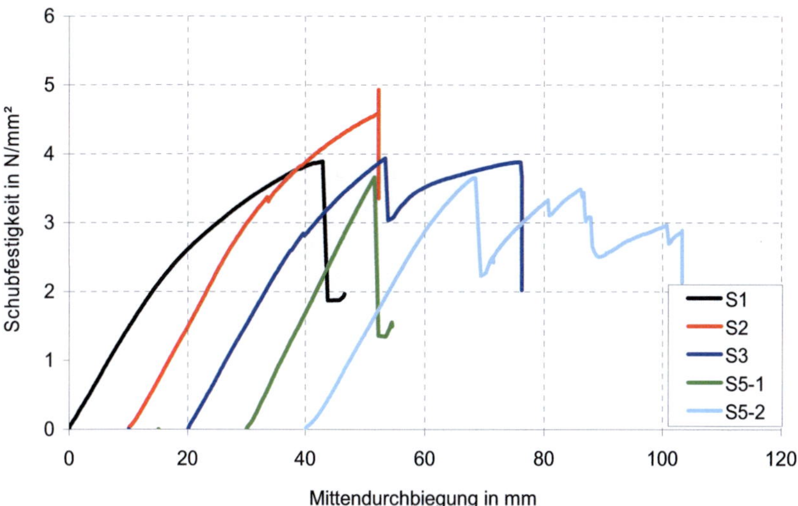

Bild 13-17 Schubspannungs-Verformungskurven der Versuche S1 bis S5

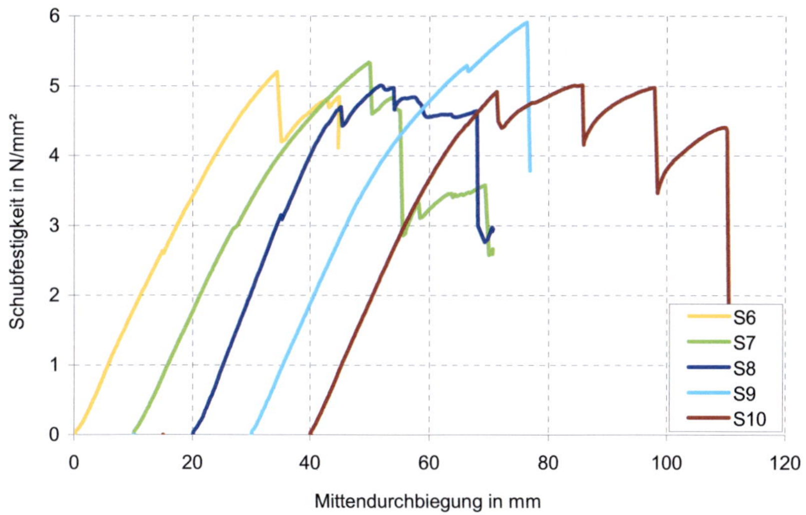

Bild 13-18 Schubspannungs-Verformungskurven der Versuche S6 bis S10

13.6 Anhang zu Abschnitt 8.2

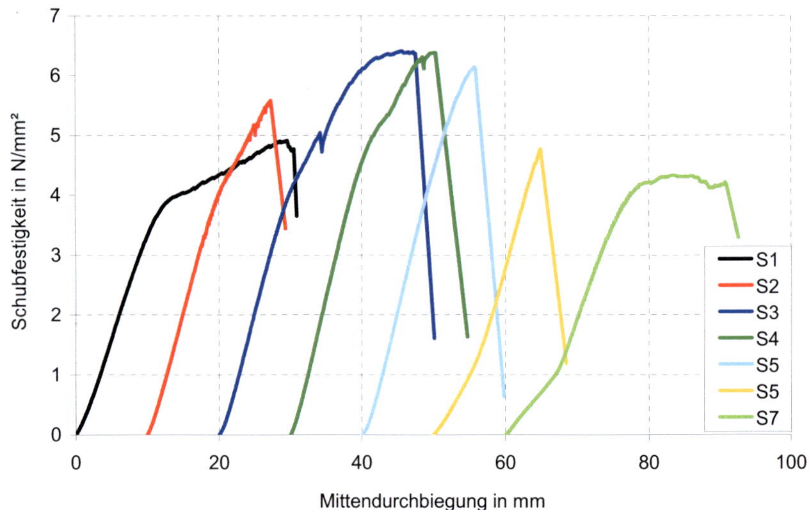

Bild 13-19 Schubspannungs-Verformungskurven der Versuche S1 bis S7